喬木
書房

喬木
書房

Find a right position for yourself.

找  對 自己的位置

成功的職業人生，始於正確的定位，
改變千萬人選擇職業的最佳讀本。

阿爾伯特・哈伯德——著　杜風——譯

對機器而言，一個螺母假如找不到自己合適的位置，
充其量不過是，一個被稱做為螺母的廢鐵。

十週年
★★★★★
暢銷紀念版

在這個世界上，為什麼到處都可以看到「有才華的窮人呢？」
因為他們都有共同的一點，那就是：找不對自己正確的位置。

☆廣播電台評選為最佳讀物、國防部連載推薦閱讀，各大中小企業、公私立機關團體、學校社團讀書會指定用書。
☆量販店、網路書店、金石堂、何嘉仁以及各大書局暢銷排行榜。

目錄

CONTENTS

成功的職業人生，始於正確的定位，很多人之所以一事無成，是因為不知道自己要做什麼？能做什麼？簡而言之，就是不能根據自己的實際能力與特長來正確定位。

CONTENTS

第二章　找對自己的位置　65

如果你能找對自己的位置，那麼你所從事的任何工作都是非常有價值的！同時也意味著你的職場人生成功了一半。

第三章 鞏固自己的位置 105

不要有虛妄的安全感，這個位置並不是非你莫屬。要知道：在老闆的眼裏永遠沒有空缺的位置。如果你要鞏固自己的位置就要做到在其位謀其職。

CONTENTS

序

在社會這個多采多姿的舞台上，我們都會主動或被動地扮演一個或多個角色，也會主動或被動地被別人安排或自己選擇一個位置。這些是必須的，也是必要的，因為對生活最簡單的解釋，就是我們在一定的位置上扮演一定的角色。

作為社會中的一員，如果沒有什麼意外的話，在這個社會裡要生活兩萬多天，這是一個既漫長又短暫的過程，這個過程結束之後，是上天堂還是下地獄，那是不可知的事情。對於我們而言，活的就是現在。

我們每個人都希望在自己難得而又寶貴的一生中，活得瀟灑如意，活出自己存在的價值和意義，不白走一遭，不白活一回。這不是什麼奢求，而是必然又必要的選擇，假如我們不是傻子或白痴的話。

活的好或壞，活的成功或失敗，取決於我們在什麼樣的位置上扮演什麼樣的角色，什麼樣的角色就會有什麼的價值。

位置、角色和價值，三者是什麼關係呢？不言而喻，位置決定角色，角色體現價值。從此來看，不論我們在社會、事業、工作和家庭當中，我們的位置決定著我們的一切。我們也只有在合適而又合理的位置上，才會扮演好自己的角色，才能創造出最大的價值。

我們自己的位置，可以讓別人來安排，也可以自己選擇。我們是腳，位置是鞋，腳穿上鞋的目的一是保暖二是走路，但主要目的是為了走路。路雖然是腳走出來的，但走什麼樣的路、走多遠的路、走路的姿態、走路的心情都和鞋有關。

所以，我們一定要找對自己的鞋，不但要合適而且要合宜才行。

找對自己的位置，那麼位置就是你天堂裏的宮殿，讓你自信使你從容；找對自己的位置，那麼位置就是你的快馬輕舟，讓你淋灕盡致使你收發自如。

找錯自己的位置，那麼位置就是地獄裏的牢籠，捆住你的手和腳，讓你精疲，使你力竭；找錯自己的位置，那麼位置就是你的斷腸散和催淚劑，迷住你的頭與腦，讓你神魂顛倒使你苦不堪言。

找對自己的位置，是一門學問，更是一門藝術。它決定你的命運，影響著你的前途。如何找對自己的位置，在一個位置上如何給自己準確的定位，這是不容我們有半點馬虎和閃失的事，否則，我們的一生，將成為碌碌無為、失敗和失意的一生。

即使我們非常的有本事、有才華、有學識、有膽識，但是，如果找不到一個合適的位置，也將會是英雄無用武之地，就算你是才高八斗、滿腔熱血，也只能感嘆自己生不逢時，時不我予；即使我們找到一個位置，但不適合自己也等同於千里馬窩於馬房，周而復始地重覆著浪費自己生命的事。也許你覺得委屈，也許你覺得不服，但結果只有兩個，一是埋怨著你的埋怨，繼續做著你自己討厭、別人也瞧不起的事；二是你重新去找尋適合自己的位置。現在有很多的人，整日為自己的位置奔波忙碌，或者從一個位置跳到另一個位置，結果不但跳得眼花繚亂，而且傷痕累累。不知道是這個社會不容自己，還是自己不適合這個社會。這樣的人埋怨位置和伯樂太少，也埋怨競爭力太強活著太難。

如果你很幸運，找到一個自己喜歡又適合自己發展的位置，高薪厚祿，萬人羨慕，這對你和家人來說，的確是好事。但是，如果你在這個位置上，不能準確而又合理的給自己定位，也就是不能找對自己的位置，多走一步或者坐偏半個屁股，都會毀掉自己的前程丟掉自己的位置，於己不利，於社會無功。

具備所有成功和成大事的條件，結果還是功敗垂成，社會中這樣的人也不在少數，原因很簡單，先是腦袋決定屁股，後是屁股作用於腦袋。要想在一個位置上，屁股是熱的，那麼腦袋一定是要冷靜的，不僅需要識時務，而且更要認清自己。如果腦袋發熱，那麼屁股肯定是涼的，因為位置丟了也就沒有地方可坐。

找到一個自己喜歡又適合自己的位置很難，在一個位置上準確給自己定位更難。所以說，這是一門學問也是一門藝術。

能準確給自己定位，就能找到施展自己才華的位置，相對的也不會有「人心不古世態炎涼的感嘆；找對自己的位置，就不會讓自己在位置上頭腦發熱屁股發涼，也不會有一失足成千古恨的苦澀。

本書就是哈伯德關於如何選對位置，在位置上如何給自己準確定位，做了深入淺出的論述，理論與實際相結合的探討，讓人回味，令人警醒，不但教會我們如何做人做事，更教會我們在認識自己、認識社會的基礎上，理解與位置的距離。

第一章

【正確的評估自己】

成功的職業人生，始於正確的定位，很多人之所以一事無成，是因為不知道自己要做什麼？能做什麼？簡而言之，就是不能根據自己的實際能力與特長來正確定位。

你的特長在哪裡

世界上沒有完美的事，也沒有完美的人，每個人都有缺陷，都有不足；但也都有優點，都有特長，做人重要的是揚長避短，掙脫「短處」的鎖鏈。因為這才是真正的代表了你。

在紐約，一次在看拳擊比賽時，評論員所說的一番妙語，讓人若有所思，他說：「對付穿藍褲子的，只要你能在六局之內，不被他打倒，就有九成能贏。對付穿紅褲子的那個，只要你在九局之內不把他打倒，你就八成要輸了。」

那場拳擊賽真像是交換挨打的比賽，前面幾局藍褲子的拳如雨下，後幾局紅褲子佔盡優勢。我心想，為什麼前者不保留一點體力到後面，後者又為何不在前面多花點力氣？

但看到最後結局，穿藍褲子的倒在地上，我忽然明白：穿藍褲子的沒有錯，因為他知道自己的特長是在短時間內爆發力強，對方則是起動慢但持久有餘，當然要發揮自己的長處，攻擊對方的短處。

每個人都有所長，也都有所短。短跑的高手，不見得能長跑。馬拉松的健將，八成參加百米賽跑會不堪一擊。上天把人生得不一樣，就是要人以不一樣的方法，去運用自己的長處。如果你不知道自己的特長在哪裡？你就註定要輸。

每個人都有所長，也都有所短。一個人的能力是多方面的，你在這方面強，他人另一方面就會有本事。事業成功的人就在於能找到自己的長處，並且充分的發揮它。如果你總是拿自己的短處，去與別人的長處相比，那麼肯定自然是比不過別人，當然也就會信心不足。

世界上沒有完美的事，也沒有完美的人，每個人都有缺陷，都有不足，但也都有優點，都有特長，做人重要的是揚長避短，掙脫「短處」的鎖鏈。因為這才是真正的代表了你。

反過來說每一種才能都有與之相對應的缺點，如果你屈服於它，它將會像暴君一樣統治於你。推翻它的辦法是多加小心，一開始就看準自己究竟有什麼樣的缺點，要像那些因為你的缺點而責備你的人那樣注意它。一旦這主要的缺點投降了，相對的其他的缺點都會隨之而降。

一個沒有明顯優缺點的人，做起事來一定是四平八穩，但也就沒有個人的特色，自然就不會有傑出的表現。關鍵是要正視自己的短處，同時更注重自己的長處。「揚長避短」，使你在工作中更具信心。相反的，斤斤計較於自己的短處，而不去發揮長處，這就會使你陷入不能自拔的痛苦之中。

由於主觀和客觀因素的局限性，決定了任何人只能瞭解、熟悉和精通某一領域的知識或技能。因此人在知識和技能方面的特長，具有明顯的領域性特徵。

一個人不管他在知識和技能上發揮得多麼突出，成長得多麼卓越，也只能在他所適應的領域具備特長，一旦離開他所適應的領域來到不適應的領域，這些知識或技能上的特長，就可能不會顯示出其優勢，而失去特長的意義。

一個人想要有所作為，首先要瞭解自己的主要優點，知道自己的特長在哪裡，瞭解了自己的特長後，就應該充分發揮自己長處的優勢，避開其短處的劣勢，使長處得到發揮，短處得到克服。這樣的人無論他從事什麼樣的職業，都能有所作為。

相反，如果一個人不知道自己的特長在哪裡，不是從自己的長處著眼，發揮自己的長處優勢，以長補短，而是反其道行之，用自己的短處，不用自己的長處，那麼，其長處就會被自己的短處抑制、否定，久而久之，其長處就會退化萎縮。

現實生活中，很多人認為自己沒有什麼特長或者是一技之長，但事實並非如此，每個人都有自己的長處。之所以你認為自己沒有特長，是因為你不知道自己的特長在哪裡，長期使它處於閒置狀態，久而久之，它退化萎縮了。這時你就真的沒有特長了。

尺有所短，寸有所長。一個人的長短不是絕對的，任何時候都沒有靜止不變的長，也沒有靜止不變的短。在不同的情景和不同的條件下，長與短都會向自己的對立面轉化，長的可以變短，短的可以變長。這種長短互換的規律，是長短辯證關係中最容易被人忽視的一部分。人的長處與短處在一定的條件下會發生互換，比如人的勇敢與怯懦兩種長短性格、強大與弱小兩種長短力量，都是會因形勢的不同而變化的。

長短互換的規律告訴我們：任何時候你都不要僵化地看待自己的特長，也不要靜止地看待自己的長處和短處，而要積極地創造使短處變成長處，同時也要防止長處變成短處的情況發生。

單就一個人的特長而言，有時也不是一成不變的，而是具有轉移性、衰變性和相對性。人的特長雖然只適用於一定的領域，但也不是一成不變的。人的特長還具有轉移性，可以從這一領域向另一新的領域發展，發展的結果往往是新領域的特長超過原領域的特長。這種特長轉移的現象，在人類的創造發明過程中可以找出許多的例子。

有些人之所以會發生特長轉移，是因為創造性思惟活躍，敢於衝破習慣的束縛，善於進行創新的活動，具有一般人所不及的開拓精神和創造能力，所以你一旦發現自己的特長轉移之後，要及時調整，注意保護自己新特長的發展，為了促進你的新特長的發揮，你必須創造出良好的環境和條件。

一個人具有的特長會隨著自己年齡的變化、精力的變化增長或者衰退。這種特長的增長或衰退就是特長的衰變性。它的變化軌跡呈現曲線圖形，一般是開始向上增加，當增加到頂峰期的時候，特長不再增加，在保持到一個階段之後，就會向下衰退。比如體力勞動者，他的力氣就具有這一特性。

由於每個人的情況不同，因此每個人的特長衰變速度有快有慢。如果你發現自己所具備的是有衰變性的特長，一定要在特長上升增加階段期予以發揮，以便充分的讓自己的特長發揮作用，千萬不要等自己的特長進入衰退期了才再運用，到那時，你的特長發展階段和高峰保持階段已過，再運用就很難發揮預期的作用了，所以，你一定要根據自己的特長的衰變曲線，及時調整自己的職業位置，這樣你才會在你的職業人生中得心應手、遊刃有餘。

你的長處對於其他人來說，是透過比較才被人承認的。你在某方面的優異，只是說明你比其他人表現得更好些、更突出些，並不能因此把自己的長處看做是某一方面最完善的。否則，你所具有的特長反而會成為你人生職業中的桎梏。

一個人在充分瞭解自己的特長，及其特長的各種特性後，還要知道如何展示自己的才能。沒有人能每次都成功，但每個人都會有一展才華的機會，因此要多善加利用。有些才華洋溢的人會把微小的才華顯露出來，使它成為自己身上的發光點，但是當他們的卓越才華完全顯示出來時，將讓周遭的人更加震驚。

一個人在瞭解了自己的特長，並懂得展示之道後，其結果一定是驚人的。每個人都有自己的本事，有的人擅長這一行，有的人擅長那一行，不管你的天性擅長什麼，都要順其自然，按照自己的特長來選擇職業。

永遠不要丟開自己天賦的優勢和才華，千萬不要做你不擅長的事情，如果你選擇了這樣的行業，你會發現自己像在泥潭裏掙扎一樣，結果無異於南轅北轍，一事無成。

一個人從事與自己的特長相符合的工作，才能達到資源的合理配置。倘若讓一個適合當管理者去推銷商品，讓一名適合當推銷員去管理公司內部，其結果是可想而知的。他們都不容易逃脫事業失敗的命運，這將是人世間最大的悲劇。

所以，沒有哪一個出色的人在錯誤把握自己的特長時，能夠逃脫平庸的命運；也沒有哪一個正確運用自己特長的人，會成為一個平庸之輩。

心態最重要

一個人如果能意識到自己是什麼樣的人，那麼他很快就會知道自己應該成為什麼樣的人。如果他先在心理上覺得自己很重要，很快的在現實生活中他也會覺得自己很重要。

有一位朋友跟我聊起一個特別有趣的故事。

一個總是覺得自己不討男孩子喜歡，而且有點自卑的女孩，偶然在商店裏看到一支漂亮的髮夾，當她戴起來的時候，店裏好幾個顧客都說漂亮，於是她非常高興的買下了髮夾，並戴著去學校。

接著奇妙的事情發生了，許多平日不太跟她打招呼的同學，紛紛過來跟她接近，男孩子們也開始約她出去玩，更有不少人表示，原本死板的她，似乎一下子變的開朗活潑多了。

可見，很多事情都是自己的心理在作崇，一個人如果能意識到自己是什麼樣子的人，那麼他很快就會知道自己應該成為什麼樣子的人。如果他先在心理上覺得自己很重要，在現實生活中他也會覺得自己很重要。相反，如果一個人先在心理上覺得自己一無是處，在現實生活中他也會覺得自己真的是「一無是處」。要知道老闆是永遠不會重用、甚至根本就不會聘用毫無價值的人。

一個人的心理狀態，可以影響其一生的成功與幸福。一個人不善於交際，往往並不是由於技巧掌握得不夠，而是心理因素沒有建設好，被自卑、靦腆、羞怯心理所控制。心理障礙是導致人的煩惱、苦難乃至職場失意的根源，它可以撲滅人的心靈與光明，掩蓋人的魅力與光輝，使你顯得怪異、不受歡迎。

所以，要想使自己受到他人歡迎，要想有所作為，要想受到老闆的重用，就必須克服心理的障礙，以便進行心理整頓。

在進行心理整頓時，首先要解除心理上的枷鎖—自卑、膽小、靦腆等，因為一旦你的心靈、個性、雄心被鎖起來、受到控制，便會阻礙你潛力的發揮。因此你的一生，你的幸福，就會被這類無形的枷鎖鎖住。

我們知道：一個人如果在各方面長期的比別人差，其本身就會覺得自己處處比別人差。反之，如果一個人在很多方面有過人之處，他就會養成一種心態：自己是個能者，一個有「自信」的人。

這種具有自信心態的人，極少甘於平庸，總有強烈的上進心，或者是說，具有一種鍥而不捨，永不服輸的個性。這種人在將來的生活中不可能成為一個畏縮的人，工作中也一定會有所作為。從老闆的角度來看，他最欣賞的就是這種類型的員工。

所以，要正確地給自己一個定位，首先就是要獲得心理上的自由！培養自信的心態，這有助於我們發揮最大的潛能，同時也有助於展現我們的怡然之美。自尊與自信是解除心理枷鎖、培養良好心態的兩把鑰匙。但自信與自尊並不是靠有形的外力，而是建築於自己的內心。

一個人只要有自信與自尊，就能夠擺脫心理枷鎖的束縛，讓你感覺到自己的能力。其作用是其他任何有形的外力都無法替代的。而那些無法克服心理障礙的人，他們往往是無法體會到——自信與自尊者身上所煥發出的那種榮光。

不要低估自己

不要低估自己的能力，如果你低估自己，別人也會看輕你！低估自己，消極的思想會使你的潛力處於休眠狀態，你前進的動力和信心也會隨之失去，機會、成功便會與你失之交臂。

有一天，我的《兄弟》雜誌社想聘請一名編輯。有兩位才能相差無幾的年輕人前來應聘，就他們倆的能力而言，我很難決定其二人的取捨問題。不過，他們的外在行為表現卻有很大的差異性，其中一位看起來不卑不亢，相當有自信，另一位則顯得信心不足，如果是你，你會決定聘用哪一位呢？

答案顯而易見：後者與這一機會失之交臂了。

不要低估自己的能力，如果你低估自己，別人也會看輕你，尤其重要的是，低估自己的人很難得到老闆的重用，因為老闆喜歡能力強的員工。

人們有權利按照自己的眼光來評價我們，我們認為自己有多少價值，就不能期望別人把我們看得比這更重。一旦我們踏入社會，人們就會從我們的臉上、從我們的眼神中判斷，我們到底賦予了自己多高的價值。

如果別人發現，我們對自己的評價都不高，別人又有什麼理由要給他們自己添麻煩，來費心費力地研究我們的自我評價到底是不是偏低呢？很多人都相信，一個走入社會的人對自己的價值的判斷，應該比別人的判斷要更真實、更準確。

我們總是擔心別人會看輕自己，害怕得不到老闆的賞識。其實看輕自己的不一定是別人，往往是你自己！因為不經過你承認，沒有人能讓你感覺低人一等的，相反的，如果你自己都看不起自己，又怎麼能奢望讓別人看得起你呢？

低估自己的能力，也就是代表者：信心不足，缺乏自信心，總覺得自己技不如人。簡單地說就是自卑，而且內心有著低人一等的心態。

一個人內心的想法往往會透過其外在行為，而不折不扣地反映出來，行為是內心想法綻放的花朵，如果你低估自己的能力，從內心看輕自己，那麼內心所綻放的行為之花就一定是自卑。有一名白人青年，失業在家，喜歡寫作，經常在報紙上陸陸續續發表一些小文章。一天，他的母親指著一則招聘啟事對她的兒子說：「你看，有家報社需要編輯，你快去試試看！」

「我不一定行。」這位青年答道。

「為什麼？」母親問。

「沒有學歷，」兒子回答說。

「或許你發表的作品能打動報社的總編輯？」母親說。

「有那麼多的大學畢業生去應聘，怎麼會看上我呢？」兒子說。

「你見過總編輯了嗎？」母親問她的兒子。

「沒有，」兒子回答說。

「你瞭解過全部競爭對手嗎？」母親又問。

「沒有，」兒子說。

母親不解地問：「那你究竟在怕什麼？」

是啊，這位白人青年到底害怕什麼？難道擔心自己不是其他應聘者的競爭對手？其實他現在最大的敵手不是任何其他的人，而是他自己。只有他戰勝了自己，滿懷信心地去應聘，才有可能會成功。否則，如果他懷著這種低人一等的心態前去應聘，在總編輯面前所表現出來的一言一行，都會很明顯的帶有信心不足的烙印，顯然其成功的機率相對會很低，因為任何一個上司都不會喜歡「能力差」的員工。

自卑是一種消極對抗的態度，是一種極端的心理自衛行為。因為這樣就可以有很充足的「理由」原諒自己的無能。當面對比自己卓越、優秀的人時，不是反問於己：為什麼我得不到老闆的重用，我究竟差在哪裡？而是要告訴自己：我技不如人，能力有限僅此而已。我們上面提到那位失業青年就是一個典型的例子。

長此以往地低估自己的能力，一個人就會漸漸地形成一種自卑的性格，更有甚者對其產生非理智的情感──把完美者臉上的黑斑視作美人痣，根深蒂固之後，便成為一個在其性情中難以拋棄缺陷的人。

一般而言，人們往往是在受到了挫折、困難的打擊後，自信心才開始貶值，以致不能正確、客觀地認知自我，久而久之便形成了一種自卑心理，於是過低地估計自己的能力。比如，一個人滿懷信心地去找工作，在參加了多次的招聘會，應聘了多家公司後，所得到的都是同一個結果─被拒絕。此時往往會對自己的能力產生懷疑，甚至否定自我。在這種狀態下再去應聘，在招聘者面前，自己對自己都沒有信心，又怎麼能希望招聘者信任你呢？可見，一個人如果低估自己的能力，在選擇事業過程中會處於劣勢的地位。即便是你現在已經步入了社會，在你的工作崗位上，如果還是過低地估計自己的能力，也會使你與重要的位置無緣。因為老闆不可能把一項重要的任務，交給一名「能力差」的員工去做。

消極意識是進取的最大敵人。對於一位渴望事業有成的人來說，低估自己的能力是通往成功之路上的一道巨大的無形屏障。因為它對人的進取心具有極大的破壞性，更有甚者它使人喪失進取心，最後自甘平庸。

確定目標

假如你在為自己定位時沒有明確的目標，你就只能在人生的旅途中徘徊，永遠無法到達事業有成的理想彼岸。

人的一生，目標對於自我的定位，就像空氣對於生命一樣重要。目標不但是

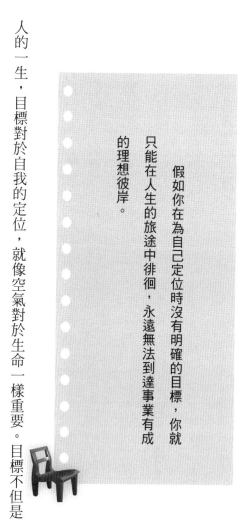

你追求理想的最終結果，而且它在你整個的人生旅途中有著非常重要的作用。

一般而言，目標在人生中有兩方面的作用：一方面，它是你的奮鬥依據；另一方面，它還是你不斷進取的動力泉源。

心理學家曾做過一個實驗：把一隻跳蚤放進一個沒有蓋子的瓶中，跳蚤一下子就能從瓶中跳出來。然後，心理學家在瓶中口上蓋了一個透明蓋子，這時跳蚤仍然往上跳，但是每一次都碰到蓋子，碰了幾次後，就再也不跳那麼高了。這時心理學家將蓋子拿走，卻發現那隻跳蚤已經永遠不能跳出這瓶子了，因為牠已經將目標定到了不及蓋子的高度。

對於我們的人生定位──確定目標，不也正是這個道理嗎？

在你的日常生活中，或許你會有這樣的體會：一旦你確定只能走五公里路程的目標，在還沒有完成五公里的路程時，比如才走了三、四公里，你便有可能感覺到累而鬆懈自己，因為你會認定反正已快到目標了。然而，如果你所確定的目標是：要走十公里的路程，你便會做好心理準備，以及其他一切必要的準備，並運用自己各方面的潛在力量，一鼓作氣走完八、九公里後，才可能會稍微鬆懈一下自己。

人通常是在現實中透過努力來實現自己的目標的，儘管目標是朝向著將來的，是有待將來實現的，但你還是必須把握住現在。

任何一項重大的任務，都是由一連串的小任務和小的步驟所組成的，同理，實現任何理想，都必須要制定並且達到一連串的目標。也就是說，目標的實現具有階段性，每一個偉大目標的實現，都是透過一連串小目標和小步驟實現的累積所得到的結果。

你在明白了自己的未來夢想、人生目標後，接著你就要著手制定實現這一偉大目標的一連串小目標。

心理學家試驗證明：太難或者是太容易完成的事情，都不具有挑戰性，也不會激發行為者的熱情。

短期目標如果定得低於自己的實際水平，在實現目標的過程中就不能充分發揮自己的能力，也不具有任何激勵價值。相反的，如果定的短期目標高不可攀，使你無法制定一個切實可行的方案，不能在短時間看見成效，也會挫傷你行為的積極性，而產生消極作用。

因此，你在制定短期目標時，一定要根據自己的實際情況，比如個人的經驗閱歷、本質學能、現實環境的適合性等因素為依據，使你的短期目標既要高出自己的水平，又要符合基本條件才可行。制定短期目標的同時，要明確具體地規定實現該目標的時間限度，比如我要在半年內或一年內實現某一目標。

如果沒有具體規定實現短期目標的時限，那就無異於沒有目標了。失去目標的指導性和激勵作用後，任何一個人都難免會精神煥散、鬆鬆垮垮。那麼你對自己的人生定位也就只是一句空話。

相反的，如果你對短期目標的完成，能有明確、具體的時限，也就是充分地瞭解自己在特定的時限內，所要完成的特定任務，並且經常地提醒自己，或者把目標和其時限寫在紙上，貼在你每天都能看到的地方。你就會在自己的潛意識中產生一種尺度感──我要在某一時刻之前完成某一任務。再加上目標本身的指導、激勵作用，你就會集中精力、轉動腦筋、發揮潛力，為實現自己的目標而奮鬥。

當然你所制定的目標並不是要一成不變的，而是要以發展的眼光來看待。確定目標後，還需要隨時檢查、規劃、執行。有時你需要在某些方面進行靈活處理，有時由於客觀環境、或者現實情況、或者你的人生觀等出現變化，那麼你所確定的目標就要進行相互的變動。

總之，目標是構築人生定位的磚瓦！

確定目標，讓目標實現，你就會發現自己這艘船離理想的彼岸越來越近！但千萬不要忘記：如果沒有時間表，你這艘船可能永遠不會「泊岸」！

大學僅僅是教育的開始

文憑並不能代表你學到了很多東西，它僅僅是你完成學校所規定的課程學習任務的證明。

如果人生的唯一目標就是取得財富，那麼，毫無疑問，許多年輕人會得出這

樣的結論：不接受更高的教育也可以。但是，如果我們將人生的目標確定為追求心智的成熟，生活的美滿，以及透過自己的努力創造更多的價值來服務於社會，那麼，大學的教育就必不可少的。

毋庸置疑，大學教育的確存在些不足，其採用的教育方法，對於培養實踐能力來說似乎並不十分有效，也不利於個人思想的提升。理論、思辨能力，往往是用來評估學生的主要指標：思考、觀察能力，也得到一定程度的訓練，但是實踐能力、勤奮和敬業的精神，以及積極主動的工作態度，卻大大的被忽視了，有關方面的潛能也被淹沒了。這種教育的結果，使學生們一旦面臨具體的工作時，無法快速採取行動，而是過多的權衡考慮，使事情變得懸而未決。

現實生活中人們需要的不僅僅是思考能力，更需要快速的行動力和執行力。許多問題無法指望等到下週或下個月再行動，而必須今天就解決。這也就是為什麼剛畢業的大學生在求職時，總是處於劣勢的原因，大學生的優勢往往要經過相當長的一段時間，獲得了相當的實際經驗後才能顯現出來。

毫無疑問，隨著工業革命的迅速發展，就業的條件已經發生了巨大的改變，那些優秀的人才無事可做的局面不再出現了。但是，更多的選擇機會也鼓勵人們努力提高自己的工作能力和素質，讓自己適合於更高的工作要求。

今天，更廣泛的領域需要聰明、優秀、知識豐富、頭腦清醒、具有卓越的經營理念的年輕人。隨著時代的進步，工作的領域將不斷地擴大。但是，對於那些缺乏職業精神的大學生來說，成功的道路卻越來越狹窄。

生命旅程中任何一種正當的職業都會使人從中受益，但是，更有系統的知識學習能夠讓你獲得一種超越本能的力量，幫助你在職業生涯中獲得更長足的進步。

在一個年輕人職業生涯的早期階段，對於沒有上大學並沒有很強烈的失落感，也不認為自己失去了什麼。如果他十七歲進入一家工廠或者商店工作，而他的朋友同一年上了大學，那麼他二十一歲時，就會覺得自己處理事務的能力要比大學剛畢業的朋友強得多。

但是，五年或者十年後，你就會發現，受過大學訓練的人工作起來更輕鬆、更有信心，升遷得更快。也就是說，大學教育可以加強年輕人的綜合能力，如果很好地運用，將會使你終身受益。

一位睿智的作家寫道：「我認為，大學階段被稱為『教育』，其實是一種恭維的說法。大學階段其實並不是教育，它僅僅是教育的開始。它是一個基礎，或許是一個很好的打基礎的階段，但它的目的是為了讓學生透過自己的努力，建立起以後人生的框架。有一個容易讓人們所忽視的事實是，大學所教授的不過是一門科學或藝術的初步知識。大學的課程僅僅是為進行學術研究做準備，而不是教育一個人。文憑並不能代表你學到很多東西，它僅僅是你完成學校所規定的課程學習任務的證明。」

大學基本上就是一個訓練場所，它測試一個人的能力，教你如何去思考問題。當然，在其他條件相同的情況下，作為一個商人，大學生比受教育程度低的人來說，將具有一定的優勢。

而事實上，幾乎沒有一個大學生後來的成功，從嚴格意義上來說是直接得益於學校教育，而往往主要是依賴於他畢業後的思想準備。在大學裏，老師教給你的最好東西是如何學習。

當你走出學校圍牆的那一刻，你就停止了運用那些不能讓自己完全滿意的書本知識，而去尋找能夠真正滿足自己的東西了。

你生命中最重要的決定

正確的選擇能造就你，而錯誤的選擇則可能毀掉你。

人的一生必須做出三項最重要的決定，這些決定將深深地改變你的一生，對

你的幸福、收入和健康產生巨大的影響。正確的選擇能造就你，而錯誤的選擇則可能毀掉你。這三項決定就是：

一、你將以什麼方式來謀生？做一個農夫、郵差、化學家、獸醫、大學教授，或者擺一個牛肉餅攤子？

二、你將朝什麼方向發展？為自己找到一個立足點，並且將手頭的事情做好。

三、你將以什麼樣的方式工作？是積極主動、忠誠敬業、追求卓越，還是投機取巧、馬虎輕率、拖延怠工。

人生選擇如同賭博，一位名人曾經說過：「每個人在決定如何度過生命期時，都是賭徒。他必須用自己的歲月做賭注。」

那麼你如何降低選擇生命期時的賭博性呢？

答案是：努力地去找尋自己所喜歡的工作。

有人問大衛．古里奇先生，成功的第一要素是什麼，他回答說：「喜愛你的工作。如果你熱愛自己所從事的工作，哪怕工作時間再長再累，你都不覺得是在工作，相反的像是在做遊戲。」

查理斯．史茲韋伯說過類似的話：「每個從事自己無限熱愛的工作的人，都可以獲得成功。」

從事自己熱愛的工作？也許你對此完全沒有概念，什麼樣的工作是自己熱愛的呢？美國家庭產品公司工業關係副總裁卡爾夫人說：「在我看來，世界上最大的悲劇莫過於，有太多的年輕人從來沒有發現自己真正想做什麼。想想看，一個人在工作中只能賺到薪水，其他的一無所獲，是一件多麼可悲的事情啊！」

有人曾問我這樣一個問題：「現在的年輕人求職時，最容易犯的錯誤是什麼？」

對這問題我的回答是：「不知道自己想做什麼。」這一回答也許會讓人驚訝不已，但事實卻是如此。想想看，一個人花在影響未來命運的工作選擇上的精力，竟比花在購買一件穿幾年就會扔掉的衣服上的心思要少得多，這是一件多麼奇怪的事情，尤其是當他未來的幸福和富足全部依賴於這份工作時。

許多大學生也是如此，他們不瞭解自己能夠做什麼，也不知道自己真正想做什麼。剛剛踏入社會時野心勃勃，充滿了玫瑰般的夢想，但是過了而立之年，依然一事無成，於是變得沮喪和頹廢，甚至麻木不仁。

霍金斯醫院的雷蒙教授，配合幾家保險公司進行了一項有關長壽的調查，發現在影響壽命的諸多因素中，「選擇正確的工作」被放在第一位。這一結論與蘇格蘭哲學家卡萊爾的思想不謀而合：「祝福那些找到自己心愛工作的人，他們已無須祈求得到別人的幸福了。」

也許你會覺得奇怪，為什麼我總是談論一些令人不安的話題。但是如果你瞭解到，多數人的憂慮、悔恨和沮喪，都與不適應工作有關，你就不會覺得奇怪了。關於這一點，你可以請教你的父母親、鄰居和老闆。

奉勸你不要僅僅因為自己家人的願望，而勉強從事某一行業。也不要貿然決定從事某一行業，除非它能給你帶來快樂。

當然，你也必須認真仔細地考慮父母的建議，畢竟他們比你年長，已經獲得了許多只有從眾多經驗及歲月中，才能得到的人生智慧。但要堅持一點，那就是最後抉擇必須由你自己做出，因為未來的工作和生活，快樂還是悲哀，全都由你自己來承擔。

以下我提出一些建議，其中也有一些警告，供你選擇工作時的參考：

一、閱讀並研究關於選擇職業輔導員的建議，這些建議是由最權威人士提供的。

如果有人告訴你，他有一套神奇的方法，可以指出你的「職業傾向」，千萬不要相信。這些人包括摸骨家、星相家、筆跡分析家，他們的方法並不靈驗。

二、避免選擇那些已經人滿為患的職業。現在，可以賴以謀生的工作有兩萬種以上！但大多數年輕人並不知道這一點。結果在一所大學裏，三分之二的男孩子選擇了五種職業──兩萬種職業中的五項，而五分之四的女孩子也是一樣。難怪少數職業會人滿為患，難怪高階職員會產生一種強烈的不安全感，並患上「焦慮性精神病」。

三、避免選擇那些只有十分之一維生機會的行業。每年有數以千計的人──通常是一些失業者，事先根本未打聽清楚，就開始貿然進入這一行業。

四、當你決定投身於某一職業之前，請先花幾個星期時間，對這項工作做一個全盤的認識和瞭解。你可以去拜訪那些在這個行業做過十年、廿年或卅年的人，與他們的交談能對你的未來產生深遠的影響，對於這一點我深有體會。在我廿多歲時，曾就職業問題請教過兩位年長者，從某種意義上講，那兩次交談可以稱得上是我生命中的轉捩點。

事實上，如果沒有那兩次交談，我的一生將會變成什麼樣子，實在難以想像。

選擇自己感興趣的工作

一種不稱心的職業最容易糟蹋人的精神，使人無法發揮自己的才能。

對很多人而言，發現自己擅長做什麼，什麼是自己最感興趣的工作，是一件

很困難的事，因為他們寧可相信別人，也不相信自己。還有很多人只會羨慕別人，或者模仿別人做的事，很少認清自己的專長，選擇自己感興趣的事情，然後全力以赴。所以，他們總是彆彆扭扭地做著自己不擅長的事，更不能對自己的職業盡心盡力。這些人都不能夠成大事，對於他們的失敗，他們只能怪自己。

我看到有很多剛剛參加工作的年輕人整天無精打采，毫無工作與生活的樂趣，他們怨歎工作的不幸和人生的無聊。為什麼他們會這樣悲觀呢？主要是因為他們正做著自己不感興趣的事。還有一些人有不錯的學識，但是因為所從事的職業與他們的才能不相配，結果久而久之竟使原有的工作能力都失掉了。由此可見，一種不稱心的職業最容易糟蹋人的精神，使人無法發揮自己的才能。

你的職業只要與自己的志趣相投合，你就絕不會陷於失敗的境地。年輕人一旦選擇了真正感興趣的職業，工作起來總能精力充沛、自動自發，也能愉快地勝任，而絕不會無精打采、垂頭喪氣。同時，一份合適的職業還會在各方面發揮你的才能，並使你迅速地進步。

卡爾．斯文思的父親開著一家洗衣店，並且讓斯文思在店裏工作，希望他將來能接管事業。但斯文思厭惡洗衣店的工作，總是懶懶散散、無精打采，勉強做一些父親強迫做的工作，完全不關心店裏的事務。這使他父親非常苦惱和傷心，覺得自己養育了一個不求上進的兒子，而在員工面前深感丟臉。

有一天，斯文思告訴父親自己想到一家機械廠工作，做一名機械工人。拋棄現成的事業不做，一切從頭開始，父親對此十分驚訝並橫加阻攔。但是，斯文思堅持自己的想法，穿上油膩的粗布工作服，開始了更勞累、時間更長的工作。但他不僅不覺得辛苦，反而覺得十分快活，邊工作還邊吹口哨，因為他選擇了自己感興趣的工作。現在他已經是這家機械廠新的老闆了。

所以，只有那些找到了自己最擅長的職業的人，才能夠徹底掌握自己的命運。我發現那些有成就的人，幾乎都有一個共同的特徵：無論才智高低，也無論從事哪一種行業，他們必然喜愛自己所做的事，能在自己最擅長的事情上勤奮工作。

米開朗基羅的作品數量龐大，氣勢雄偉，許多是表達了人體力量的激發狀態。米開朗基羅創作這些藝術品，不是因為這是他的工作，也不是因為他害怕脾氣暴躁的教宗朱利阿斯二世，更不是想賺錢，而是因為他喜愛他的創作。

你也許沒有米開朗基羅那樣的動力，但是如果你不喜歡、不期望創造出有長遠價值的事物，你就創造不出來。此道理對個人如此，對商業界也是一樣。

著名數學家、物理學家帕斯卡的父親讓他去做語言學教師，但是數學方面要求發展的召喚，卻壓抑了其他任何職業的聲音，這種聲音一直在他的頭腦裏縈繞著，直到他把語言丟到一邊，轉向歐幾里德為止。

特納的家人本來希望他在少女髮屋做一名美髮師，但是，特納卻成為一名最偉大的現代風景畫大師。

相反的，厭煩自己的工作，不情願地去做的話，將永遠都無法成長。

一旦你決定要從事某種職業時，就要立即打起精神，不斷地勉勵自己、訓練自己、控制自己。在你的工作中自動自發，只要有堅定的意志、永不回頭的決心不斷地向前邁進，做任何事情都有成功的希望。

對某事懷有熱情，你以為很難嗎？不是你想的那麼難。誰都會對某一件事感到興奮，如果一個人沒有任何一件有感覺的事，就會雖生猶死。況且，近年來，幾乎所有嗜好、熱忱或職業，都能變成商業活動。

有一句話講得非常有道理：不值得做的事，就不值得做好。不錯，也許每個人都會對這條定律表示贊同。它解釋了為什麼我們時常感到缺乏興趣和動力。然而，問題並不到此為止。如果我們永遠做不好任何事，不管理由是否充分（這些工作都是「不值得」的），結局一定會很慘。

況且，把一生都浪費在「不值得做的事」上，本身就是一件最不值得做的事。所以你的選擇應該是：找到值得做的事，並努力把它做好！

要警惕這種想法：在某個方面「你永遠不可能有盡善盡美的才華」。要知道，上帝會憎惡那些半途而廢的人，並會耿耿於懷。因此，不完善的才華永遠難以得到上帝的幫助，也就很難獲得最終的成功。

如果我們遵從馬修·阿諾德的說法，那麼，寧可做鞋匠中的拿破崙，寧可做清潔工中的亞歷山大，也不要做根本不懂法律的平康律師。

掌握必要的工作技能

在公司中，如果你掌握了必要工作技能，就能提升自己在老闆心目中的地位。

如果你現在的職位並非因為自己的努力，而是透過其他方式得到的，那麼你

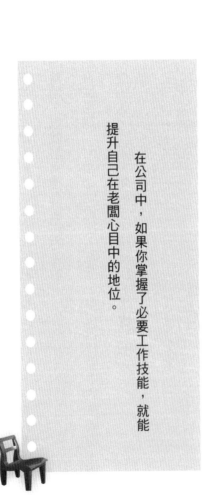

做起來一定不會感覺太好。你謀得好的職位是因為父親的面子，或是其他親友的提攜，而如果沒有這些外力的介入，你要再花費多少精力，經過多長時間，做出多少業績，才能達到這個地位呢？

在這樣的職位上，你不會有很高的興致，因為這個職位不是你一步一步逐漸謀得到的，你對這個工作也並沒有完善的技能。但是任何重要的職位絕非淺陋的學識、低劣的才能做得了的，所以，你做事時必將碰壁，此時你仍願意在那裡做下去嗎？

如果你想改變這種狀況，而且對自己的雙手和頭腦有十足的信心，確信自己肯定能夠愉快地勝任、並能有所建樹時，你不要再灰心喪氣，不要再怕吃苦，不要再埋怨升遷太慢了。你應該一步一個腳印地去做，你應該像裁判要求參賽者那樣嚴格要求自己，把自己訓練培養成一個適合你所期望的職位的人，而其中一個關鍵的問題就是：掌握必要的工作技能，讓自己足以勝任這個職位。

在公司中，如果你掌握了必要的工作技能，就能提升自己在老闆心目中的地位。隨之，你會常常出現在公司重要的會議上，甚至被委以重任，因為在老闆心中，你已經變得不可替代了。

有一個公司老闆聘用了一個年輕人做自己的司機，年輕人只領取屬於自己的那份薪水。而可貴的是，這個年輕人並不滿足於此，還經常為老闆寄發一些信件，處理一些手頭上的問題。這樣一來，他對公司的一些業務也瞭解了很多。

漸漸地，如果老闆有事情離不開身時，就讓他代為處理。他還在晚飯後回到辦公室繼續工作，不計報酬地做一些並非自己份內的工作，而且在超越自己的工作範圍內，也力求做得更好。

有一天，公司負責行政的經理因故辭職，老闆自然而然地想到了他。在沒有得到這個職位之前已經身在其位了，這正是他獲得這個職位最重要的原因。

當下班的鈴聲響起之後，他依然坐在自己的位置上，在沒有任何報酬承諾的情況下，依然刻苦訓練，最終使自己有資格接受這個職位，並且使自己變得不可替代了。

無論你目前從事哪一項工作，一定要使自己多掌握一些必要的工作技能。在你主動提高自己的工作技能時，你應該明白，自己這樣做的目的並不是為了獲得金錢上的報酬，而是為了使自己能有更長久的發展。更重要的是，你必須多掌握一些必要的工作技能，然後才能在自己所選擇的終身事業中，成為一名傑出的人物。

我聽到有人告誡自己的孩子：「無論未來從事何種工作一定要全力以赴、一絲不苟。能做到這一點就不會為自己的前途操心。因為世界上到處是散漫粗心的人，那些盡心盡力者始終是供不應求的。」

但我還要提醒你一句：若要在老闆的心中變得重要，還要多掌握一些必要的工作技能。

第二章

【找對自己的位置】

如果你能找對自己的位置，那麼你所從事的任何工作都是非常有價值的！同時也意味著你的職場人生成功了一半。

找到適當的位置要有一種崇高的心智

不要以社會的地位、威望、體面等，這些因素作為你選擇職業的標準，因為這些因素會蒙蔽你的心智、毒害你的心靈，使你看不清自我。

美國有一家公司需要培訓一批高階管理人才，便公開招聘甄選。由於要求的

標準頗高，許多有志的青年們，因此都未能通過。

經過一再的篩選，一位年輕人最後脫穎而出。這家公司的老闆先後和他談了三次，並且問了他一個出人意料的問題：

「如果我們要你先去洗廁所，你會願意嗎？」

當時的這位年輕人在企業界已經小有名氣，要他洗廁所，豈不是太侮辱人了嗎？但他卻幽默地回答：「我們家的廁所一向都是我來洗的！」後來他才知道，這家公司訓練員工的第一個課題，就是先從洗廁所開始，因為服務業的基本理念是：只有先從最卑微的工作開始學習，才有可能瞭解「以客為尊」的道理。

假如這位年輕人不是懷有一種崇高的心智，一定會覺得讓自己洗廁所是大才小用，而且與自己的身分地位不相稱，面子也不光彩，他很可能就會憤怒地當面回絕老闆的要求，接下來會出現什麼樣的情況，就不難想像了。

許多人在選擇職業時，受面子文化或其他因素的影響，喜歡與他人相互比較，總是對自己抱有不切實際的期望，認為自己應該從事一份體面的工作，或者一開始就應該受到老闆的重用。不願意從基層做起，認為那樣是大才小用，不能顯現自我的價值。

這種類型的人通常認為：自己只有從事更體面、更具權威性的工作，才能顯現自己的社會價值，而其他的工作對他來說沒有任何意義、沒有任何吸引力和價值可言。事實上並非如此，他完全可以在等待的時間內，透過自身的努力在現實生活中找對自己的位置。

於是，這一現象便成為社會常態，在紐約、華盛頓的社區裏，你經常可以看到很多有才華洋溢的窮人。

之所以會出現這些情形，原因在於他們不能懷有崇高的心智，在現實中找對自己的位置，而是以社會地位、威望、體面等因素，作為自己選擇職業的標準。可是這些因素會蒙蔽你的心智，毒害你的心靈，使你看不清自我。一個人一旦不能認清自我，就很難找到適合自己的位置。

從長遠來看，就不會有一個好的人生選擇，最終的受害者不是別人，而是你自己。如果一個人不能懷有崇高的心智去選擇職業，還會出現從一個極端滑向另外一個極端的情況。

被動性地適應工作且隨遇而安，處於這一極端的人往往持有自甘平凡、得過且過的心態。只要有一份工作就安於現狀，從不考慮是否實現了自我生命的價值。

這種類型的人沒有高尚的人生目標，他的生命價值十分低落。他不明白人生的追求不僅僅是滿足生存的需要，還有更高層次的需求，如自我實現。安於現狀的心態使他的才華得不到充分發揮，自身的潛力得不到充分施展。可見，這種人也很難找對自己的位置。

記得一位大學教授朋友曾經對我說過這樣一件事：他的兩個學生請他幫忙推

薦工作，而他的這兩位學生也都非常優秀，並且很有才華。這位教授經過考慮後，便把兩個人都介紹到他的一個朋友開的公司。其中一位前去應徵，回來後對教授說：「你的朋友對人實在太苛刻了，而且一個月才給八百美元的薪水。」因此這位學生沒有選擇教授的朋友所開的那家公司，而是自己重新找了一份薪水更高的工作─每個月一千美元的薪水。另外一位學生前去應徵回來後，卻對教授說：「你的朋友雖然對人苛刻，薪水也不高，但我很欣賞他的能力與才華，他的人格魅力很吸引我。」所以這位學生便選擇了教授的朋友所開的那家公司。

兩年以後，第一個學生每年能拿六萬美元的薪水。而第二個學生在一年前，當他覺得老闆身上已沒有他所要學的東西時，便離開了公司，開了一家自己的公司，每年的營業利潤高達二十萬美元。

本來兩位學生的條件、能力相差無幾，為什麼兩年後竟然會產生如此大的差異性呢？關鍵就在於前者不是懷有崇高的心智去選擇適合自己的位置，結果被短期利益蒙蔽了心智，成了薪水的奴隸；而後者懷有崇高的心智並找對了自己的位置，最後成為自己的主人。

所以，沒有崇高心智的人，只見樹木不見森林，他很容易淪為金錢的奴隸，看不清未來發展的道路，自然也就無法走出平庸的生活模式。結果往往是失去了個人成長的機會，埋沒了自己的才能，湮滅了自己的創造力。

相反的，一個懷有崇高心智的人，他不會被短期的利益蒙蔽心智。因為他深知：能力比薪水重要千萬倍，也就是說這種人明白，重要的不是財富，而是創造財富的能力。

每個人都有選擇的權利

永遠不要告訴自己：我別無選擇，只能從事這樣的職業。任何一個人在任何時候都有選擇的權利，正確運用這一權利的前提是先要確定選擇的標準，以此作為你進行選擇的準則，每當你進行選擇時，都要用這個標準來衡量一下，看你是否符合你選擇的準則。

在現實生活中，我們可以看到很多在大公司工作的職員，他們無一例外都擁有淵博的知識，且接受過專門的職業訓練，有一份在外人看來非常體面的工作，拿一份十分豐厚的薪水。但是他們並不快樂。

他們之所以不快樂，是因為他們沒有按照自己的喜好去選擇適合自己的職業，也不能從工作中感受到生活的樂趣，好像僅是為了生存而不得不出來工作，把工作當成了謀生的工具。這些人整天處於緊張的精神狀態中，而且內心十分孤獨，甚至常常生活在抑鬱之中。

令人疑惑不解的一個問題是：這些人寧願生活在痛苦中維持現狀，也不願運用自己的選擇權利去重新選擇自己喜歡的行業？

這些人之所以維持現狀，顯然是因為他們從內心裏害怕這種選擇，或者說他們在自欺欺人地逃避這一事實；因為就他們目前的狀況而言，待遇不錯，公司也有發展前途，工作又有保障，假如辭職而重新進入新的公司，必然要將自己歸零，從頭做起。就短期而言，肯定沒有目前現在的薪水高。當然，也許他們並不在意薪水的高低，而是考慮到假如辭去現在的工作，就必須得重新打下「基礎」，與他們那些一畢業就參加工作的同學相比較而言，位置的高低落差會使他們產生心理不平衡。更為重要的是——擔心萬一自己參加新的工作後，而不能有所作為，那麼還不如維持現狀。

如此，便進入了一個惡性循環的圈圈，即使對現在所從事的工作不滿，由於過多的顧慮，害怕選擇，而不敢動用自己的選擇權。所以這些人也只能維持現狀，整日生活在抑鬱寡歡的狀態之中……

如果一個人毫無原則性地濫用自己的選擇權——頻繁地跳槽，最終也將會受到嚴重的後果，因為頻繁的跳槽，使人對工作不能專一，使自己的事業沒有成就感，隨著時間的流失，發現自己不過是繞著原地跑了一圈，當自己醒悟時，許多的時間都已被自己所扼殺，其實，不管做什麼事情都要有個限度，就像在拉彈簧秤一樣，如果你不用力，就不知道這東西幾斤幾兩，如果你用力過猛，彈簧秤不能復位，就成了一件廢物。

每個人都有選擇的權利，正確運用選擇權的前提是：首先確定選擇的根據和標準，以此作為你進行選擇的準則。每當你動用選擇權進行選擇的時候，都要用這個標準來衡量一下，看看它是否符合你選擇的準則。

比如一個人手中拿著一本自己很感興趣的書站在牆腳，一肢腳踏地，一肢腳向後蹬在牆上，可以連續幾個小時保持這一姿態，並且不會感覺到累，相反還其樂融融。假設同一個人，只是手中沒有了那本令他感興趣的書，再讓他以相同的姿態站在牆腳下，過不了幾分鐘他便會感到腰酸腿痛，堅持不住了。

工作與此道理相同，所以一個人在運用自己的選擇權，選擇其職場位置時，一定要以自己的天賦所在為依據，以自己的喜好為準則，以自己的興趣為尺度。只有這樣你才不會覺得工作壓力越來越大，情緒越來越緊張，沒有成就感。相反，你不僅會擁有一份得心應手的工作，還會享受到工作給你帶來的美好感受——成就感。

選擇與放棄，二者必居其一

對於那些深受猶豫不決之苦的人來說，唯一的改正辦法就是做出果斷的決定：要麼選擇；要麼放棄。

根治猶豫不決這一「頑癥」的「良藥」是當機立斷：要麼選擇；要麼放棄。

人生就像一場比賽，你的對手就是時間，一旦你因為猶豫不決而空耗時間，你就會被淘汰出局。倘若你面對選擇時，能當機立斷，就有可能獲勝。我的同學湯姆斯在大學裏，看起來像一個典型容易成功的人。他不用費什麼精力就能取得優異的成績。我的同學們一致推舉他為「最可能成功的人」。

成績優異的湯姆斯在大學畢業擇業時，選擇空間很大。但使他頭痛的是：不知道該如何抉擇。好不容易才確定了兩家規模較大的公司作為選擇的對象，但這兩家公司各有其獨特的吸引力。此時湯姆斯便開始猶豫了，不知道該選擇哪家公司、放棄哪家公司。就在湯姆斯處於既不選擇也不放棄的狀態之中時，這兩家公司都確定了更合適的人選。最後湯姆斯與這兩家公司都失之交臂了。

後來，湯姆斯憑藉其優異的成績，進入了紐約一家大型保險公司的銷售部門，最初做得不錯，然而，不久他就停滯不前了。因為他再次面臨了畢業時的狀況：有一家獵頭公司，想挖他到另一家大型保險公司的銷售部門去當經理。湯姆斯不知道該留在原來的公司，還是去另外一家公司，他把全部的精力都耗在了去還是留的這一問題上。

人們常說一心不能二用，在這種狀態下，湯姆斯自然無法集中精力工作。結果因一次工作的失誤，他給公司帶來了巨大的損失，使他失去了自己的位置；另外那家公司也沒敢聘用他。於是他不得不託關係轉到一家小一點的公司。在那裡同樣的問題又出現了：最初受人歡迎，被當作最容易成功的人，但不久，他又上演了同樣一齣鬧劇，整個人就像一個潮濕的爆竹，沒了生氣。

他一直納悶自己為什麼沒能做得更好。

與此相反，另一位同學蘭德爾，成績沒有湯姆斯優秀，但他把做保險看作是自己的人生目標。

在一次招聘會上，有一家大型的電器銷售公司想出高薪聘用他，同時也有一家人壽保險公司想聘用他，但待遇沒有那家大型的電器銷售公司好。但蘭德爾還是果斷地放棄了那家電器公司，選擇了人壽保險公司，並且一直堅持下來，最後他躋身於全美保險事業中最優秀的銷售人員之列。

後來在一次宴會上，我跟蘭德爾巧遇，我們聊天，他說：「在做保險的過程中，我漸漸地瞭解了那些成功人士，並悟出一些道理，他們並不是比我高明得多的天才，他們也只是平平凡凡的人，只是他們把目標設置的高遠一些，然後以終極目標作為最高宗旨，決定取捨問題，並找到了實現目標的方法。我意識到，如果其他的平凡人能夠實現他們遠大的夢想，那我也能。」

為什麼像蘭德爾這樣的「平凡人」，會比湯姆斯那種「優秀」的人取得更大的成功呢？湯姆斯與蘭德爾最大差異就是：湯姆斯在面對取捨問題時，總不能做出決斷；而蘭德爾在面對取捨問題時，總是果斷地做出決定─或者選擇，或者放棄。

正是由於這種差異，導致兩個人的職場人生大相徑庭：蘭德爾的前途充滿陽光；湯姆斯的前途則黯然失色。

假如湯姆斯在紐約那家公司工作時，能夠全心地投入工作中，或者他放棄自己當時的位置，選擇獵頭公司為他提供的那家公司，並集中精力踏踏實實地工作，很有可能他比蘭德爾所取得的成績更大，一個人要想在工作中有所作為，最明智的方法就是選擇一份即便薪水不高，也願意做下去的工作。當你一直熱衷於自己所從事的工作時，你就會登上事業的成功之梯，金錢自然也會尾隨而來。

對於那些深受猶豫不決之苦的人來說，唯一改正的辦法就是做出果斷的決定：要麼選擇；要麼放棄。否則，如果你總是拿不定主意，漸漸地便養成了辦事拖拉懶惰的習慣，對一位想有所作為的人來說，這種壞習最具破壞性，也是最危險的，它將成為摧毀你取得勝利和成就的武器。

螺母的價值

對於機器而言，一個螺母如果找不到自己合適的位置，充其量不過是一塊被稱作「螺母」的廢鐵。

無論你從事哪一行，都難免出現錯位現象，如果你在自己所在的位置上不能

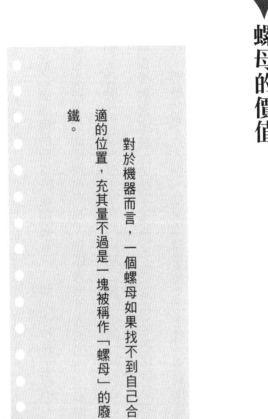

創造價值，或者說不能體現你的生命價值時，一定要懂得人生「止損」，也就是放棄，一個朋友曾經跟我說過他的一次親身經歷：

快要下班時，一個工人找到他，說是機器上的一個螺母掉了。他隨口答應，然後拿著扳手、鉗子等工具和一大鐵盒新舊不一、型號各異的螺母，去了工人所在的那個操作間。剛要動手時，下班的鈴聲突然響起。

由於機器沒有什麼大的毛病，只不過是換一個螺母而已，他不想只為了換一個螺母而把手弄髒，所以打算明天上班時再換上它。

隔天剛上班，他便帶著所有的工具去那個工人的操作間，哪知，他看到那個工人的機器旁邊正站著公司的老闆。

「你必須在二分鐘之內讓機器恢復運轉，」老闆生氣的說。

他心想：「兩分鐘換一個螺母，這實在是太容易了，其實連一分鐘都用不到。」卻不料，一盒子的螺母竟沒有一個是與螺絲的尺寸、型號搭配得當的，他陷入了尷尬的沉默之中。最後公司的老闆一字一頓地說：「對於這台機器而言，只有那個與螺絲吻合得天衣無縫的，才能叫做螺母，其他的只能叫做廢鐵，現在你盒子裏的全是一塊一塊的廢鐵，沒有一個『螺母』。工廠就好比這台機器，工人就如同一個簡單而不可或缺的『螺母』。」

其實這位老闆說的很有道理，螺母只有在與螺絲相吻合時，才能體現螺母的價值，這時螺母才能真正的稱其為螺母。反之，不能與螺絲相吻合的螺母則毫無價值可言，只能稱之為廢鐵。

尤其是最後一句話，其言外之意是：如果把工廠比做一台機器，把員工比做螺母的話，員工只有在自己的位置上充分地發揮自己的才能，體現你的人生價值時，你才能稱為構成工廠這台機器的「螺母」；如果作為一名員工，你在自己的位置上不能給老闆創造價值，或者說不能體現你的生命價值時，則只能叫「廢鐵」。

衡量一個人在某一位置上有無價值，不在於他做了多少工作，而在於老闆對他所做的工作接受了多少，也就是說他做了多少有意義的工作。相當多的人所付出的努力本來足以取得顯赫的成就，但是由於他們所做的都是無用之功。他們的含辛茹苦就像邊建設邊破壞一樣，最後的結果仍然是支離破碎的一堆。他們的能力不可說不夠，時間不可說不多——這些是事業成功的經緯線條。但是，由於他們沒有找對自己的位置，他們用力推來推去的卻是個空無一物的紡織機，真正的工作之網上一根線都沒有掛上。

一個人選擇了不合天性的職業，就註定了你難以出人頭地。

然而，我們不能貿然地下這樣的結論，一個人雖然已竭盡全力去做一件事情，但由於錯位的原因，結果沒有做出任何成績，就認為他永遠不可能在任何其他職位上有所作為。

一個人在某一位置上沒有價值，並不意味著他在任何位置上都沒有價值。

所以，一個人在選擇了某一職業後，花費了大量的時間、精力，但是毫無成果，就要認真地考慮一下：自己在這個位置上是否是個「不合格的螺母」。

防止自己成為「不合格的螺母」的最好的辦法是：時時刻刻審視自我，不斷調整自己。

試問自己在這個位置上的工作還有沒有意義？是否為老闆創造了價值？工作的成果何在？一旦發現自己是一個叫做「廢鐵」的螺母，就說明自己在這個位置上是不合適的，就要當機立斷，立刻放棄，去選擇適合自己的位置。

如果你不審視自我，當你在自己的職位上失去價值時，你還意識不到自己成了「不合格的螺母」，此時，你已面臨著失業的危機。突然有一天，你被「無情」地解雇了。而你卻認為自己工作很努力──不知道自己做的都是無用之功，從心理上無法接受這一事實，這對你將會造成很大的打擊。

令人遺憾的是：很多人一直走到生命的盡頭時，才開始考慮類似的問題。

最佳位置就是最適合你的

最佳位置不是最高的，而是最適合你的。如果你找到了適合自己的位置，在自己所選擇的「平凡」位置上，你有可能成為一位出類拔萃的人；反之，如果你沒有找對自己的位置，在其他不適合你的「好行業」裏，你可能一無是處。

一個最有價值的位置，並不一定適合你，不適合你的位置，對你來說就不是最佳位置。或者說，只有在最大限度能實現你的自我價值的位置，對你來說才是最佳位置。

一個人在選擇自己的職場位置時，不要問這個職位可以為我帶來多少財富，我可以從中獲得多大的地位、名望。而應該問問，哪個位置可以最充分地發揮自己的才能，能夠最大限度地實現自我的價值，這才是你真正需要的。而且，只有在這樣的位置，才能充分挖掘你的潛能，促進你的發展，使你雄心勃勃，將來有所作為並且能得到老闆的重用、事業有成。

實現自我價值，做一個完整意義上的人，你會體驗到一種真正的成就感。這些比獲得金錢和財富更重要，比地位和名望更尊貴。最為重要的是：實現自我價值比事業本身更有價值。只有在適合自己的位置上，你才可能有所作為。就像一輛火車的火車頭一樣，它只有在鐵軌上行駛時，才能表現出強大的動力。一旦脫離鐵軌，它就寸步難行。

所以，最高的位置並不一定是最佳的位置，如果你找到了適合自己的位置，在自己所選擇的「平凡」位置上，你有可能成為一名出類拔萃的人；反之，如果你沒有找對自己的位置，在其他不適合你的「好行業」裏，你可能到頭來一無是處。

一般而言，個人與工作之間的關係有如下三種情況：

一、你完全不喜歡這份工作。如果你從事這份工作，那簡直是對人性的一種摧殘。如果一個人選擇某一個職業，僅僅是因為你的父輩曾經在這一行業很成功，曾經獲得過很高的聲譽，或者你選擇這一職業的原因是你的家人希望你這樣做，而你自己則完全不喜歡這份工作，自然也無法適應它，那麼你就很難出色地完成本職工作。不能出色完成本職工作的人，是得不到老闆的重用，結果，你一生只能做一個庸庸碌碌的人。

二、你對這份工作稍微感到有點興趣。即使有人強迫他全心地投入工作，也很難會有什麼突出的成就，而且你還會感到精神緊張，身心疲憊不堪。

三、你對自己所從事的工作是發自內心真正喜愛的。當你從事自己發自內心真正喜愛的工作時，你會驚訝地發現，自己沒有絲毫的工作壓力，只是感覺興趣盎然，心情十分愉悅。甚至一天只休息四、五個小時，仍然精力充沛。

此時，你的潛能得到了最大限度地發揮，同時，你的自我價值的體現值最高，自我價值的實現，也是在為公司創造價值，那麼得到老闆的重用將是在預料之中的事。可見，天性的召喚，對職業的熱愛、執著、堅韌等，都是在工作中取得成就不可或缺的因素。

一個人在選擇自己的職業時，一定要以自己的能力、性格特點、心理等因素為依據，而不能不切實際地憑空設想。比如，一個五音不全的人想成為一名歌唱家，顯然難度系數極大，甚至不可能實現。如果你認為某個不適合你的位置是最佳位置時，其實這是一種錯覺，或者說你處於一種不切實際的幻覺狀態中，結果往往是一事無成。

真正適合你的職位，應該能夠表現出你的個性與天賦。如果你找到了適合自己的位置，工作本身就會充分而全面地調動你的才能，自然就能夠實現自我的價值。

如果你的天賦與內心要求你從事法律工作，那麼你就去做一名律師；如果你的天賦和內心要求你從事文學工作，那麼你就去做一個文學家。按照你的天賦與特長去找對自己的位置，並堅持不懈地努力工作，你就能有所作為。

當然，如果你覺得自己沒有任何明顯的天賦、特長，或者說覺得自己內在的呼聲很低，你聽不到。那麼，你就應該在自己最具適應性的領域慎重地做出選擇。

做一個自信的清潔工，也要比做一個二流的其他角色強。因為真正的成功在於出色地履行自己的職責，扮演好自己的角色，這一點每個人都能做到。

一個人的工作與他的生活有相當高的關聯性，甚至可以說，工作的品質決定生活的品質。在適合你的位置上做你喜歡做的事，雖不意味著生活過的輕鬆，但絕對可以生活的精彩。因為只有真正適合你的位置，才能為你帶來利益和榮譽，才能生活的幸福。

找對現階段最適合你的位置

如果你不能以最高的水準來完成你的工作，那麼請檢查一下，現階段你所從事的工作是否真的適合你。

一位年輕人從學校畢業後來到美國西部，他想當一名新聞記者，但人生地不

熟，一直沒有找到合適的工作。於是他想起了當時很有名的一位大作家。年輕人寫了一封信給他，希望能得到他的幫助。

這位作家接到信後，給年輕人回了信，信上說：「如果你能按照我的方法去做，你肯定能求到一席之地。」他還問年輕人：「你想到哪家報社工作？」

年輕人看完信後十分高興，馬上回信告訴他。於是這位大作家又來信告訴他：「你可以先到這家報社，告訴他們你現在不需要薪水，只是想找到一份工作，打發你的無聊，你會在報社好好地做。一般情況下，報社不會拒絕一個不要薪水的求職人員。你在獲得工作以後，就要努力去做。把採訪到的新聞讓他們看，然後發表出來，這樣，你的名字和成績就會慢慢被別人知道，如果你很出色，那麼，社會上就會有人聘用你。然後你可以到主管那裡，對他說：『如果報社能夠給我相同的薪水，那麼我願意留在這裡。』對於報社來說，他們是不會輕易放棄一個有經驗又熟悉單位業務的工作人員的。」

年輕人看完信後，有些懷疑，但還是按照這位大作家的方法去做。不出幾個月，他就接到了別家的報社的聘用書。而這家報社知道後，也願意付高出別人很多的薪水來挽留他。

這位年輕人聽從勸告，選擇了一條獨特的求職道路，把求職作為一種提高自己的才能、積蓄力量的手段，化被動為主動。

這位年輕人的求職經歷給了我們這樣一個啟示：許多人都想「一步登天」，但實際上是很難辦得到的。

每一個重大的成果，都是由一系列的小成果所累積而成的；任何一項大任務，都是由一項項小任務組成的；每個重大目標的實現，也都是一連串的小目標實現的結果。所以，實現任何遠大的目標，都要制定並且達到一連串的小目標，也就是說，人生目標的實現具有階段性，不可能一蹴而成、一步登天。你應該把整體性的遠大目標，分解成一個個小的目標單元，分步驟、分階段地逐一實現。

比如你想當一名成功的企業家，但很難一畢業就能成為名副其實的企業家，而是必須從基層一步一個腳印地做起。

與目標的階段性相對應，你就應該在不同的階段分別找對自己相對的位置，並扮演相對的角色。如此，才能達到經濟學上所講的效能最大化。

你的遠大目標是你的人生大志，比如你立志做個改變世界的政治家，或者立志做個科學家。它只是較明確地為你指明了今後發展的方向，它是朝著未來，有待實現的。將你人生的遠大目標變成現實，不是一天兩天的事，而是一個循序漸進的過程。它可能需要你花費十年、二十年、三十年，甚至為其奮鬥終生。

所以，對你來說，最重要的是把握住現在，只有找對現階段最適合你的位置，並全力以赴做好此時此刻手頭上的工作，你才能一步步地邁向你的終極目標。你現在的種種努力都是在為實現將來的大目標鋪路，隨著你階段性目標的逐一實現，你就會離你的遠大目標越來越近。

當你找到現階段最適合你的位置時，也就是你現在所從事的工作是實現你人生大目標的一部分時，你執行的每項任務都十分有價值。哪怕是最單調的工作，也會賦予你滿足感、成就感。

因為你看到了更大的目標正在實現。

這種滿足感、成就感讓你的人生充滿樂趣，進一步促使你去努力工作，把工作做的更好，你所取得的成績為實現更大的目標服務，如此層層漸進，你會離你的終極目標越來越近。

對一個人來說，世間最珍貴的不是「得不到」和「已失去」的東西，而是把握住現在，找到現階段最適合你的位置。沒有一個個小目標的實現，你的遠大目標就只能算是空想。

不要看不起自己的工作

如果人們只追求高薪職位，是非常危險的。它說明這個民族的獨立精神已經枯竭；或者說的更嚴重些，一個國家的國民如果只是處心積慮地追求這些職位，會使整個民族像奴隸一般地生活。

無論你貴為君主還是身為平民，無論你是男人還是女人，都不要看不起自己的工作。如果你認為自己的工作是卑賤的，那麼你就犯了一個很大的錯誤。

羅馬一位演說家說：「所有手工勞動都是卑賤的職業。」從此，羅馬的輝煌歷史就成了過眼雲煙。亞里士多德也曾說過一句讓古希臘人蒙羞的話：「一個城市要想管理得好，就不該讓工匠成為自由人。那些人是不可能擁有美德的，他們天生就是奴隸。」

今天，同樣有許多人認為自己所從事的工作是低人一等的。他們身在其中，卻無法認識到其價值，只是迫於生活的壓力而工作。他們輕視自己所從事的工作，自然無法投入全部身心。他們在工作中敷衍塞責、得過且過，而將大部分心思用在如何擺脫現在的工作環境上。這樣的人在任何地方都不會有所成就。

所有正當合法的工作都是值得尊敬的。只要你誠實地工作和創造，沒有人能夠貶低你的價值，關鍵在於你如何看待自己的工作。

那些只知道要求高薪，卻不知道自己應該承擔責任的人，無論對自己，還是對老闆，都是沒有價值的。

也許某些行業中的某些工作看起來並不高雅，工作環境也很差，無法得到社會的承認，但是，請不要無視這樣一個事實：有用，才是偉大的真正尺度。在許多年輕人看來，公務員、銀行職員或者大公司白領階級，才稱得上是理想的工作，其中一些人甚至願意等待漫長的時間，目的就是去謀求一個公務員的職位。但是，同樣的時間他完全可以透過自身的努力，在現實的工作中找到自己的位置，發現自己的價值。

工作本身沒有貴賤之分，但是對於工作的態度卻有高低之別。看一個人是否能做好事情，只要看他對待工作的態度。而一個人的工作態度，又與他本人的性情、才能有著密切的關係。

一個人所做的工作，是他人生態度的表現，一生的職業，就是他志向的表示、理想的所在。所以，瞭解一個人的工作態度，在某種程度上就是瞭解了那個人。

如果一個人輕視自己的工作，將它當成低賤的事情，那麼他絕不會尊敬自己。因為看不起自己的工作，所以倍感工作艱辛、煩悶，自然工作也不會做好。當今社會，有許多人不尊重自己的工作，不把工作看成創造一番事業的必經之路和發展人格的工具，而視為衣食住行的供給者，認為工作是生活的代價，是無可奈何、不可避免的勞碌，這是多麼錯誤的觀念啊！

那些看不起自己工作的人，往往是一些被動適應生活的人，他們不願意奮力崛起，努力改善自己的生存環境。對於他們來說，公務員更體面，更有權威性；他們不喜歡商業和服務業，不喜歡體力勞動，自認為應該活得更加輕鬆，應該有一個更好的職位，工作時間更自由。他們總是固執地認為自己在某些方面更有優勢，會有更廣泛的前途，但事實上並非如此。

那些看不起自己工作的人，實際上是人生的懦夫。與輕鬆體面的公務員工作相比，商業和服務業需要付出更艱辛的勞動，需要更實際的能力。當人們害怕接受挑戰時，就會找出許多藉口，久而久之就變得看不起自己的工作了。

這些人在學生時代可能就非常懶散，一旦通過了考試，便將書本拋到一邊，以為所有的人生坦途都向他展開了。他們對於什麼是理想的工作有許多錯誤的認識（如果說他們對於工作還存有什麼理想的話）。萊伯特對這種人曾提出過警告：「如果人們只追求高薪，是非常危險的。它說明這個民族的獨立精神已經枯竭；或者說得更嚴重些，一個國家的國民如果只是處心積慮地追求這些職位，會使整個民族像奴隸一般地生活。」

天生我才必有用，懶懶散散只會給我們帶來很大的不幸。有些年輕人用自己的天賦來創造美好的事務，為社會做出了貢獻；另外有些人沒有生活的目標，縮手縮腳，浪費了天生的資質，到了晚年只能苟延殘喘。本來可以創造輝煌的人生，結果卻與成功失之交臂，不能說不是一個巨大的遺憾。一個農夫，既有可能成為華盛頓之類的人物，也可能終日面對黃土背朝天，一直到老。

第三章

【鞏固自己的位置】

不要有虛妄的安全感，這個位置並不是非你莫屬。

要知道：在老闆的眼裏永遠沒有空缺的位置。如果你要鞏固自己的位置就要做到在其位謀其職。

老闆的眼中沒有空缺的位置

無論這個位置上的人員如何更迭，也無論其更迭的頻率多大，有一點是永恆的：這個位置不會處於空缺狀態。

任何一家公司都有人員流動的情形，但不管離開某個職位的員工是主動的還

是被動的，也不論他是人才還是庸才。他所離開的這個位置從來都不會處於空缺狀態。相反的，總是在其離開後，就會有其他的人馬上來「補缺」。

我們知道任何一場籃球比賽都有替補隊員。一旦某一位置上的隊員體力不支，或者其他的什麼原因；總之，只要你不能使自己所在的位置起到應有的作用，達不到這個位置的要求時，你就會被替補隊員頂替下場。

可見，對於任何一位球員來說，無論你能在這個位置上發揮多大的作用，也不管你所在的位置多麼重要，這個位置並不是非你莫屬，你不擁有這個位置的所有權。

你知道嗎？自己所在的職場位置也是隨時都有「替補人員」。

與球賽所不同的是，你的「替補人員」處於非顯示的隱性狀態。你雖然不知道他(她)是誰，甚至對他(她)的基本情況一無所知，但他(她)確實是存在的。

比如老闆的秘書這個位置，從A秘書改為B秘書，繼而又變為C秘書……無論這個位置上的人員如何更迭，也無論其更迭的頻率多大，有一點是永恆的：秘書這個位置不會處於空缺狀態。

所以，我們可以肯定地說：「在老闆的眼裏沒有空缺的位置。」

任何一個位置都有其存在的必要性，且都有其相對的價值。否則，如果這個位置不能為公司帶來效益，不能為老闆創造營收，這個位置就失去了它存在的必要性，也就會被撤掉。事實上，老闆看重的是位置所產生的價值，而不是位置的本身。

顯然在公司創辦初始，老闆設立一個位置時，並不是由於某個具體的個體，才設立了這個位置，而是根據公司發展的需要才設置的。

所以，從理論上來看，誰都有資格佔據這個位置，而且佔據這個位置的機率具有均等性——只要你能夠使這個位置產生其相對的價值。

實際上，你要想佔據某個位置，首先你必須要跨過一道門檻——達到這個位置的要求與標準。

這是一個硬性的指標。

從這個角度來看，無論處於秘書這個位置上的個體是A，還是B，都必須使自己所創造的價值，不低於秘書這個位置的價值。只有這樣你才能鞏固自己的位置。因為老闆的最終關注點不是某個具體的人，而是這個位置所產生的價值。

現在你明白自己與位置之間的關係了嗎？你所在的位置並不是因為你才「誕生」的，而你卻是因為這個位置才實現了自我的價值。

老闆在為某個位置招聘合適的人選時，雖然最終職位與人有其明顯的關係，是按照職位匹配的原則實現「一個蘿蔔一個坑」的一一對應關係。實際上，位置與個體之間的關係是一種隱性的一對多的關係。

因為在現實生活中，能夠使這個位置產生其相對價值的人，並非只有你一個，或者說能夠勝任這一職位的人不計其數。那些沒有處於這一位置上又符合職位要求的人，就是你潛在的「替補人員」。

之所以你能夠佔據自己現在所處的位置，是因為主、客觀多方面的因素使你捷足先登了，而其他「出局」的人並不見得是不符合規定的。這些人的確實存在性，使你隨時面臨著重新洗牌的局勢。

而且，在你的身邊很多人時時刻刻都在向老闆證明：自己比你更適合這個位置，一旦這些人之中的某一位得到老闆的認可，你就會出局。

所以，不要認為自己是不可替代的，更不要愚蠢地認為公司離開你就會運轉失靈。你所在的位置並不是非你莫屬，有很多人都在虎視眈眈地注視著這個位置，一旦時機成熟，你的「替補人員」就會取代你的位置。

現在你有感覺到一種危機感了吧！

只有時時刻刻保持這種危機感，你才能避免被替補出局。而經常要保持這種危機感的最佳方法就是要經常提醒自己：在老闆的眼裏沒有空缺的位置。

在其位，謀其事

只有忠實地對待自己的工作，滿懷著忠誠的責任心來對待老闆，使自己所在的位置發揮其應有的作用，才能與自己的位置保持一種長期性的關係——鞏固自己的位置。

在老闆的眼中永遠都沒有空缺的位置，所以，如果你不想與自己的位置保持一種短暫的「約會」關係，而是保持一種長期性的關係，你就要在其位，謀其事。

從公司這個角度來看，由於來自市場的壓力，它必須要迅速推出自己的產品、服務，並提供新的技能，缺乏這種速度和變化，企業就難以生存。公司裏的每個位置，都對企業的生命力起著至關重要的作用。任何一名員工如果在其位不謀其事，其所在位置的運作就會出現問題。當任何一個位置的價值得不到實現時，都會直接削弱企業的生命力。

也就是說，如果我們把公司看做一個構建很好的整體，其中的每一個位置都是整體的構成元素，任何一個元素的運作出現問題，都會殃及整個組織。

由此可見，老闆喜歡在其位謀其事，喜歡具有實幹精神、敬業精神的員工是合情合理的。因為老闆希望任何一個位置的效能都可以達到最大化。

從員工這個角度來看，只有忠實地對待自己的工作，滿懷著忠誠的責任心來對待老闆，使自己所在的位置發揮其應有的作用，才能與自己的位置保持一種長期性的關係━鞏固自己的位置。

如果一個人朝三暮四地期待奇蹟的出現，不集中精力去做好本職工作，自然會碌碌無為、一事無成。有些人總希望為自己留一條退路，崇尚東邊不亮西邊亮。可是沒有了太陽，東、西哪一邊都是不會亮的。

你怠慢消極，馬上就會有人替代；你保守落後，自然會被淘汰。許多人在盲目地追求好的工作環境和薪水，驀然回首才發現，自己虛度了年華，而那些埋頭苦幹默默堅守崗位的人，或擁有一技之長，或富有管理經驗，成為人們尊敬的師傅或專家，這些人還會為自己是否會失業而擔憂嗎？

所以，無論從事什麼工作，只要你已經著手了，千萬別心猿意馬地夢想那些不切實際的誘惑。你可以珍惜你的時間，但對你的工作絕不能吝惜你的勤奮和汗水。一定要在自己的職位上全力以赴，否則只能在失去工作的困境中痛心疾首，那代價太大了。

可是很多人往往是到了這種地步才猛然醒悟：有活要好好幹；否則，在其位不謀其事，不但使老闆的利益受到了損失，而且最終的受害者還是自己。

要想鞏固自己的位置，就要在已有的職位上全心全意盡職盡責地做，做到盡善盡美，並且不斷地精益求精。把以前從來沒有填補過的欠缺與空白補上，要比你的同事和前輩做得更多、更好。

也就是說，關鍵不只是在於是否能從工作中得到滿足感，不只是在於能否完成自己的工作，而是要做得比預期的更好，要使老闆對你的表現贊嘆不已。這樣，你自然就會得到回報，也可以使自己的位置固若金湯。

在其位謀其事，說明你對自己所從事的工作有信心和熱情。只要你認定了目標，有一份自己認同的工作，那麼就要認真勤奮地好好做。在好好做的過程中，你會熟悉技藝，並鍛鍊出穩健耐心的性格。同時，你那踏實的作風，也會贏得同事們的認同、老闆的欣賞。任何技藝和經驗的摸索都緣於踏實的工作，只有親身體會，才能逐漸完善改進，而在其位謀其事便是踏實的表現。

有人曾就個人與位置之間的關係請教一位成功人士：「你為什麼能在自己的位置上穩如泰山？」「我在一段時間內只會集中精力，踏踏實實地做一件事，但我會徹底做好它，簡單地說就是在其位謀其事。」這位成功人士這樣回答。

這個世界上並沒有要求你一定要成為某個行業的人──科學家、醫生、律師、作家、農民或者商人等，但是它確實要求你精通自己所選擇的行業，並在自己的位置上付出自己全部的精力和智慧。

如果你在自己的專業領域是行家高手，別人就會為你鼓掌喝采。但是，它不允許一個人對自己的職業三心二意、半途而廢，或者是做一些徒勞無功的工作，否則它會拋棄你，使你成為社會的「棄兒」。所以，如果你不想成為社會的「棄兒」，不想失業，就要在自己的位置上嚴格地要求自己：能做到最好，絕不允許自己做到次好。保持這種良好的工作態度，你就不必擔心自己是否會被老闆解雇了。

主動、自發性地工作

如果你想鞏固自己的位置，你就要永遠保持主動積極的精神，不需等老闆交代，便能主動做自己應該做的事。

一家機械公司的老闆體會是這樣的。

他說：「我們這一行業最迫切需要的，就是想辦法增加『能想又能做的人』。我們的生產與行銷體系中，沒有一件事是不能改進的，也就是說都可以做得更好。我可沒有說目前大家做得不好，我們確實很努力。然而像所有進步的大公司一樣，我們也很需要新產品、新市場以及新的辦事程序，這要靠積極主動又能幹的人來推動，這些人都是責任最重大的人。」

主動本身就是一種特殊的行動，一種美德。那些積極主動去做好本職工作的人，不管在哪一行業都很吃香，他們的位置自然得到了鞏固。

主動去做你應該做的事，隨時準備展現你超過老闆要求的工作表現。換言之，如果你對自己的期望比老闆對你的期望還高，那麼你就無需擔心自己的位置不保，無需擔心自己會被老闆解雇。

如果你想與自己的位置保持長期性的關係，你就要永遠保持主動積極的精神，不等老闆交代，便去主動做你應該做的事，縱使面對缺乏挑戰或毫無樂趣的工作，都要勇往直前，如此你將會獲得老闆的獎賞。當你養成這種主動、自發性的習慣時，你所在的位置便會更加穩固了。

不必老闆交代，主動去做自己應該做的事，同時為自己的所作所為承擔責任。那些位高權重的人，都是因為他們以其主動性的行為，證明了自己勇於承擔責任，而贏得他人信賴的。

成就大業之人和凡事得過且過的人，他們之間最基本的區別在於：前者總是主動、自發性地去做事，並懂得為自己的行為承擔責任；而後者與之恰好相反，他們不僅不會主動、自發性地去做自己應該做的事，即便是在老闆交代了之後，他們也都不會立即去做。

這些沒有主動性的人，他們之所以不會自發性地去做自己應該做的事，一般有兩種原因：一種是自以為「聰明」，總是趁老闆不在時趕緊「忙裡偷閑」；另一種是不知道應該用什麼方法可以有效地去完成自己的本職工作。

在工作中缺乏主動性的人，其一生中的大部分時間往往都是處於失業狀態。於是，他們很容易遭到別人的輕視和瞧不起，除非他有一個非常顯赫的家庭，就算是如此，上帝也會在街道拐彎處拿著大棍在耐心地等待他！主動性、自發性的基本構成要素是進取心。

進取心是一種極為珍貴的美德，它促使一個人去做他應該做的事，而不是接到老闆的吩咐後，處於被動性的狀態時，才不得不去做。

具有強烈進取心的員工，在進取心的驅使下，他總是積極主動地去做好本職工作，而不是在接到老闆的吩咐後，才被動地去做。因此他工作時，不會有壓迫感，而是能享受到工作為他帶來的生活樂趣，內心也有一種非常愉悅的感覺。此時，他所從事的工作，已經不再是原來意義上的那種工作了，而是成為了一種非常有趣的遊戲。

「等我有空的時候再說吧！」這是沒有進取心的人常掛在嘴邊的口頭禪。到底有沒有所謂的「空」的時間呢？

其實這句話的實質是在推脫。對於任何一個人來說，他的每一分鐘都是「一寸光陰一寸金」。如果一名員工在工作時，說出類似這句話的任何一種說辭，都意味著：他不是主動、自發性地去完成自己的本職工作，而是在老闆交代了之後，還不會立即行動去完成老闆分配的任務。這種類型的員工，能否鞏固自己的位置可想而知。

我們退一步來看，那些有「等我有空的時候再說吧」，這一習慣的員工，等到他真的「有空」的時候，更確切地說是不能再拖的時候，他或許會證明這件事「不應該去做」，沒有能力去做或者已經來不及了，其中最好的那種是硬著頭皮去做。此時他工作起來會有一種壓迫感，備感工作的艱辛，而且極其的煩悶，工作也很難做好。不能做好本職工作的人，往往處於被老闆解雇的邊緣。

要想成為有進取心的人，你首先必須克服拖延時間的惡習，養成一種主動、自願性的好習慣來對付這一壞習慣，把它從你的個性中剔除，扔到垃圾筒裏。

你知道嗎？那種把你本來應該在昨天、上個月、甚至去年、幾年前，就應該完成的事拖到明天去做的壞習慣，正在腐蝕著你意志中最不可或缺的部分——主動性。你應該馬上割掉這個毒瘤，把它從你的意志中根除。否則，你將被它完全腐化，那麼你終將一事無成。

拖拉應付、敷衍了事的毛病，可以使一個百萬富翁很快地傾家蕩產。相反，每一位成功人士以及那些得到老闆賞識的員工，都是那些主動、自發、認認真真、兢兢業業地做好本職工作的人。

這是每一個人都已經非常熟悉的事實：老闆喜歡具有主動積極精神的員工，欣賞有進取心的職員。

不必老闆交代，主動地去完成自己應該做的事，一定會讓你獲得不錯的聲譽。這一無形資產對你來說是一筆巨大的財富，對你鞏固自己的位置會起到關鍵性的作用。因為當你的老闆把你和那些沒有提供此種主動性服務的人相比較的話，你們之間的差別是十分明顯的，你自然是處於優勢狀態。那麼，鞏固你所在的位置便是水到渠成了。

現在你可以透過下面這一事例，自我檢測一下，自己是否能做到這件事（老闆不必交代）。假如你的老闆因公務繁忙，沒有時間外出午餐。他對你說：「麻煩你到超市幫我買份漢堡。」

顯然，由於時間緊迫，他是想湊合著解決一下午餐。當你遵從老闆的吩咐到超市去買漢堡時，你是否想到了除此之外，還應當買瓶飲料回來？

要學會懂得自律

各行各業的人，比如職員、出納、編輯等，都有因為不懂得自律—老闆在與不在不一樣，丟了自己的工作。把「粗心」、「懶散」、「草率」這樣一些評價送給他們毫不為過。

任何人在過馬路時，都會遇到這樣的情形：在亮著紅燈的路口，本來要過馬路的你忽然發現，道路上此時並無車輛通過，而交通警察也不在眼前。這時，你是否還會老老實實地等待綠燈亮了再過馬路？

或許你會認為，既然路上沒有車，那交通安全就不會有問題，提前一步過馬路可以節省時間，有何不可？等綠燈亮了再過馬路，實在沒必要。

也有人認為，碰到這種情況，身邊的人都過去了，我一個人留在原地不動豈不是很傻？這時候還擺什麼高素質，跟大家走才是正確選擇，免得被人笑話。

還有一部分人認為，紅燈停，綠燈行，有車沒車一個樣，這是一種需要自覺堅持的文明習慣。不僅是過馬路，很多時候，比如工作中，都離不開自覺堅持，自我督促。所以，是否等到綠燈亮起再過馬路，不僅僅是個行走的問題，它也反映了一個人文明素質的高低，沒車就闖紅燈，這是素質不高的表現。簡單說，就是在紅燈面前，老老實實等著準沒有錯。

越是車少，往往車速越快。此時你闖紅燈想快一點，一旦踫上緊急情況就會猝不及防、闖出大禍。

違規者是不懂得交通法規，還是不愛惜自己的生命？恐怕都不是。對更多的人而言，無非一、是習性難改，規範的行為方式對他們似乎很難做到；二、是從眾心理，別人能過我也能過。正是如此，在我們身邊，闖紅燈成了久治不癒的交通痼疾。

雖然上面我們討論的是過馬路的問題，可是如果立足於如前所述的基點上，接下來所談的就不只是關於行走的話題了。

在有無外在約束和監督的條件下，每個人的表現往往會大不相同。比如有些員工在老闆的監督下，工作十分努力，表現很好；一旦老闆不在公司就偷懶，採取一種應付態度，能少做就少做，能躲避就不做。

一種行為，一種規範，如果離開了外部的約束，也就是說，在沒有外在監督和約束的環境中，就可以隨意改變標準的尺度，做出另外選擇的話，那豈不意味著沒有執法人員盯著，就可以隨地吐痰；沒有人看見，就可以亂丟垃圾；售票人員不留神，就可以乘「免費」車；老師不注意，就可以隨便作弊；老闆不在，就抓緊時間「忙裡偷閑」。

有位公司老闆招聘員工，其方式別出心裁：讓面試者在市中心隨意遊覽，自己靜靜觀察。凡是闖紅燈的人，即使是符合招聘要求，也會讓他出局。他說：「交通行為是一面鏡子，這面鏡子映照一個人的素質。透過這面鏡子可以看出一個人其素質的高低。小事不在乎，有無監督兩個樣，這種人不能用。」

接著這位老闆又解釋說：「認為闖紅燈這種行為是『不拘小節』的人，他們自以為這是精明，是靈活處事，其實是大錯特錯。因為不認真遵守規章制度的行為，往往會導致一個人形成對任何事都無所謂的不良心態。沒有車輛，沒有警察監督他敢闖紅燈，那麼同理，老闆不在的時候，他就敢於闖工作中的『紅色警戒線』。這也是為什麼我用過馬路這件事情來測試員工，其目的就是以小見大，看他們是否有自律、自制這種良好的習慣。」過馬路時闖紅燈可能是件小事，可是有的人卻因此與本來屬於自己的位置有緣無分。

對於負面的事，有的人會假設：「即使我做得不夠好，老闆也可能看不見，就算看見了，也可能放一馬」；而對於正面的事，他也會假設：「即使我做得好，老闆也可能看不見，自己豈不是『徒勞無獲』，就算老闆看見了，萬一不給額外的獎賞，自己不是白幹了嗎？」

在這個基礎上，一個人是不可能做到老闆在與不在一樣的心態，而且還很有可能是老闆在與不在都不好好的做。如果你是老闆，站在老闆的立場上考慮，你會雇用這樣的員工嗎？

老闆不是監工，也不會用眼睛盯著你，實際上也沒有必要這樣做。因為他可以透過你的工作成績來判斷你是否一直在努力工作。

顯然，老闆在與不在一樣努力工作的員工，與老闆在與不在不一樣的員工，他們的工作績效不可能是相同的。工作成績優異的員工屬於前者，會得到老闆的賞識，自然就能夠鞏固自己的位置；工作成績長期性差的員工屬於後者，自然會被淘汰出局。

過馬路時，沒車、沒有警察監督有人會闖紅燈；老闆不在，有的員工會「忙裡偷閑」、遲到、曠工、在上班時間做與工作不相干的事。可見，外在的硬性約束不是最有效的行為規範。

最嚴格的行為標準是一個人的內在標準，這種標準是自己設定的，不具有外附性，它才是最有效的行為準則。如果你對自己的工作標準，比老闆對你的要求還高，那麼你當然能夠做到老闆在與不在都一樣的認真工作。

別帶著情緒工作

世界上什麼事最開心，做好工作最開心，開心地工作更開心。

在現實生活中，我們周圍總是有這樣一群人，每天早上起床後，便背著「情

緒包袱」開始一天的工作、生活。

在這些人的眼裏，天空總是灰色的，太陽總是炙熱的。他們的心理堆滿了垃圾，臉上陰雲密布，嘴裏不時地嘮叨，抱怨著：

「今天一出門就塞車，真倒霉！」

「這鬼天氣真熱，簡直能把人烤焦，還讓不讓人活了？」

「我買的這支股票又被套牢了！」

這種類型的人有一個共同的特點：他們總是把周圍環境中每件美中不足的事情放在心上，被周圍事情的指責和消極念頭捆住了手腳，使他們很難體會到快樂。因為高興的事他們總是拋到腦後，總想著過去沒解決的問題和矛盾，把不順心的事總是掛在嘴上，寫在臉上。每天每時，他們都有不開心的事。一講話就是從前的災禍、現在的艱難和未來的倒霉。

在這樣一種精神狀態下工作，不難想像，犯錯誤的機率肯定比心態平和時要高。工作中屢屢犯錯，導致許多新的不順又在後面等著他，以至於受到老闆的批評等等。

由於帶著情緒工作，使他所抱怨的倒霉事，連連實現了。於是，他又開始帶著情緒去工作，開始新一輪的抱怨、沮喪、出錯、倒霉。如此，便背著「情緒包袱」進入了一個惡性循環的氛圍中。

到最後，連他自己也不明白：我的運氣為什麼總是這麼差？我為什麼總是這麼倒霉？那些能力不如我的人，為什麼做得比我還好呢？

其實，導致人們情緒不佳的事，往往都是日常生活中經常發生的一些小事情：

「聽到別人在背後對你的流言會產生壞情緒。」

「年紀越來越大會產生壞情緒。」

「失戀會產生壞情緒。」

「寂寞會產生壞情緒。」

這些事情每個人都會遇到，明智的人會對其一笑置之。因為他們清醒地認識到，「萬事如意」雖是人們真誠的祝福，但那只是一個美好的祝福而已。真正的工作、生活中，不如意的事情經常發生。我們不可能保證事事順心，但能做到坦然面對，該放則放。

因為有些事是不可避免的，有些事是無力改變的，有些事是無法預測的。能補救的則可以盡力去補救，無法改變的就應該坦然接受，調整好自己的心情去做應該做的事情。

生活中非理性的因素很多，那些不會駕馭自己情緒的人，往往會因為這些非理性的因素而使自己的情緒失控。於是這種類型的人時常帶著情緒去工作，在抱怨、不滿中消耗自己的生命。

不要把個人的情緒作為工作的主旋律：千萬別把一些垃圾總是堆在心裏；把

烏雲佈滿在臉上；牢騷總掛在嘴上。否則，你所抱怨的倒霉事會變成事實，導致一些不應該有的後果━你將會發現職場中沒有自己的容身之地。

陰暗的心情，會在心底播下不良的種子，只能給自己帶來不良的後果，並且會反覆地作用下去。比如帶著情緒工作，往往會導致工作失誤，工作失誤會給公司帶來利益損失，公司的利益受到損失，同時意味著老闆的利益受到損害，老闆會因自己的利益受到損害而追究責任，最後結果只能是出現工作失誤的員工受到批評、或記過處分、或被老闆解雇。無論出現哪種情況，都會導致這名員工產生不良情緒，接著他又帶著情緒去投入工作，新一輪的反覆又開始了……

其實世界上沒有什麼事情不可以改變的。美好、快樂的事情會改變；痛苦、煩惱的事情也會改變；你曾經認為不可以改變的事，過幾年後，你就會發現，其實很多事情都改變了。

人就是這樣，當你以一種豁達、樂觀向上的心情工作時，眼前就會呈現出一片光明；反之，當你將思惟囿於憂傷的樊籠裏，眼前就會變得暗淡無光了。

長此下去，你不僅會將最起碼的信念和奮鬥的勇氣泯滅，還會將身邊那些最近、最真的快樂失去掉。

對每個人來說，工作給你帶來的歡樂，是組成你生命之鏈上最真實可靠的一環。這種如同空氣一樣充塞在身邊的歡樂才是最重要的。

所以，無論你遇到什麼事情，都不要把情緒帶到工作中。盡量以明朗的心情去工作吧！以「過去已經成為過去，今後的情況一定會變好」的心態去全心地投入到工作中，你會發現，一切確實很美好。

人類與動物的區別正是人類能主動積極地創造、實現夢想，來提升自己的生活品質。所以，有效率的人為自己的行為及一生所做的選擇負責，自主選擇應對外界環境的態度和方法；他們致力於實現有能力控制的事情，而不是被動地憂慮那些沒法控制或難以控制的事情；他們透過能力提升效率，從而擴展自身的關注範圍和影響範圍。

我們雖然不能控制客觀環境，但我們可以選擇對客觀現實做何種反應。不把情緒當做工作的主旋律，其涵義不僅僅是採取行動，還代表對自己負責的態度。個人行為取決於自身，而非外在環境，並且每個人都有能力也有責任創造有利的外在環境。其實，一個人完全有能力使自己在工作中保持愉快的心情，只要你願意，你會發現開心地工作是世界上最開心的事。

事情做過了頭就會導致愚蠢

無論你從事什麼職業，無論你現在處在什麼位置上，一定要遵守行業的行規，嚴守職業道德，在什麼職位，做什麼事，說什麼話。

有一句名言說：「真理再往前邁一步就會變成謬誤，其實工作又何嘗不是如

此呢？」

作為職員，你必須知道，無論你幫老闆管理了多少事情，也無論老闆多「糊塗」，甚至依賴你到了沒有你在，他連電話都不會打的程度。但是老闆就是老闆，員工就是員工。需要由老闆拍板的事必須由老闆做主，當然出了錯，也是由老闆最先來承擔，有面子也應該由他來賣。無論你從事什麼職業，無論你現在處在什麼位置上，一定要遵守行業的行規，嚴守職業道德，在什麼職位，做什麼事，說什麼話。

一個不知道嚴守職業分寸的員工，是很難得到老闆的欣賞。當你出賣面子，表示自己有才能，偷偷把自己公司的內部消息告訴別人時，即使他得了好處，也不會尊重你。他甚至拿你的愚蠢，不斷地告誡自己的員工。

作為員工，一定要遵守職業道德，要盡忠職守，維護工作崗位和公司的權益，千萬別為了顯示自己的才能，而把事情做過了頭，結果適得其反。

任何職業都有其工作中的職業道德。醫生有醫生的職業道德，他不能把病人的病歷洩漏出去；律師有律師的職業道德，即使他的委託人告訴其犯罪的事實，他也要保密；銀行職員不能隨便透露顧客的財務狀況；餐旅業的員工不該問或說與他工作不相干的問題；商業秘書不可以洩漏老闆往來的秘密；計程車的司機不可因為下一位旅客好奇地問：「剛才那位下車的男士，是從什麼地方上車的？」就很豪爽地說：「哦！從某街某酒店上車的。」

或許有人會說，這有什麼不可以？他們說的都是實情，講的都是真話。但是你要知道：那些真話說出來，卻違反了職業道德，而這些職業道德，都是人類社會經過長期摸索，才找出的倫理、原則、行規。如果你違反了它，就會給自己帶來麻煩。

作為一名員工必須遵守職業道德，嚴守職業分寸。比如在工作過程中遇到自己沒有把握的事，不要自作主張，否則很容易昭示自己的愚蠢與無知。

在工作中，老闆雖然喜歡具有主動性的員工，但主動性也要有限度，在允許的範圍內，可以盡職盡責完成自己的工作。一旦超過了限度所界定的區域，主動性就會發生質變，產生破壞性作用。

很多員工都是在表現自我，向老闆證明自己的能力，但在做的過程中沒有把握好限度，一不小心就將事情做過了頭。

結果適得其反，不但沒有體現出自己的精明才華，反而昭示了自己的愚蠢與無知。

老闆不喜歡自以為是，將事情做過頭的員工，所以如果你想鞏固自己的位置，千萬別把事情做過頭。

為什麼出發點是為了把事情做好，結果卻適得其反呢？

當你本著顯示自己的意念去工作時，此時，你的注意力聚焦於如何更好地顯示自己的才能，而不是投放於工作本身——怎樣圓滿地完成工作。精力的錯誤性投放，使你不能正確地把握限度這一概念。

那麼你為了最大限度地展現自己的才華，往往會突破限度的界限，而將事情做過了頭。

每一件事都值得我們去做

行為本身並不能說明自身的性質，而是取決於我們行動時的精神狀態。

每一件事都值得我們去做，而且應該用心地去做。

羅浮宮收藏著莫內的一幅畫，描繪的是女修道院廚房裏的情景。畫面上正在工作的不是普通的人，而是天使。一個正在架水壺燒水，一個正優雅地提起水桶，另外一個穿著廚衣，伸手去拿盤子——即使日常生活中最平凡的事，也值得天使們全神貫注地去做。

行為本身並不能說明自身的性質，而是取決於我們行動時的精神狀態。工作是否單調乏味，往往取決於我們做它時的心境。

人生目標貫穿於整個生命，你在工作中所持的態度，使你與周圍的人區別開來。日出日落、朝朝暮暮，它們或者使你的思想更開闊，或者變得更狹隘，或者使你的工作更加高尚，或者變得更加低俗。

每一件事情對人生都具有十分深刻的意義。

你是磚塊工人或水泥匠嗎？可曾在磚塊和砂石之中看出詩意？

你是圖書管理員嗎？經過辛勤的工作，在整理書籍的空檔，是否感覺到自己已經取得了一些進步？

你是學校的老師嗎？是否對按部就班的教學工作感到厭倦？也許一見到自己的學生，你就變得非常有耐心，所有的煩惱都拋到了九霄雲外了？

如果只從他人的眼光來看待我們的工作，或者僅用世俗的標準來衡量我們的工作，工作或許是毫無生氣、單調乏味的，彷彿沒有任何意義，沒有任何吸引力和價值可言。

這就好比我們從外面觀察一個大教堂的窗戶。大教堂的窗戶佈滿了灰塵，非常灰暗，光華已逝，只剩下單調和落破的感覺。但是，一旦我們跨過門檻，走進教堂，立刻可以看見絢爛的色彩、清晰的線條。陽光穿過窗戶在奔騰跳躍，形成了一幅幅美麗的圖畫。

由此，我們可以得到這樣的啟示：

人們看待問題的方法是有局限的，我們必須從內部去觀察才能看到事物真正的本質。有些工作只從表象看也許索然無味，只有深入其中，才可能認識到其意義所在。

因此，無論幸運與否，每個人都必須從工作本身去理解工作，將它看作是人生的權利和榮耀──只有這樣，才能保持個性的獨立。

每一件事都值得我們去做。不要小看自己所做的每一件事，即便是最普通的事，也應該全力以赴、盡職盡責地去完成。小任務順利完成，有利於你對大任務的成功把握。一步一個腳印地向上攀登，便不會輕易跌落。透過工作獲得真正的力量的秘訣，就蘊藏在其中。

第四章

【提升自己的位置】

在自己的位置上盡職盡責地做，並出色地完成本職工作，一旦當你所在的位置不足以施展你的才能時，你會自然而然地得到提升！

僅有敬業與忠誠是不夠的

一般人們認為，作為一名員工，忠實可靠、盡職盡責地完成老闆分配的任務就可以了。其實這還不夠，尤其對於那些想提升自己的位置的員工來說，更是如此。

在華盛頓，我在一次演講中，遇到一位叫艾密爾的職員，他向我提問說：「他做事忠實可靠又具有敬業精神，然而他非但沒得到老闆的重用，還經常被扣薪資。」艾密爾感到自己受到了不公平的待遇，常常滿腹牢騷地抱怨：「我那麼努力地工作，老闆卻這樣對我」。事後我透過朋友幫忙拜訪了他的老闆，而他的老闆卻對我說：「要不是礙於朋友的面子，我真想解雇他。」

為什麼會出現這種狀況呢？

原來艾密爾工作時，總是抱持著「我要做什麼！」的想法，而不是以「老闆需要我做什麼」原則。由於艾密爾的工作方針出現了失誤，導致的結果是：艾密爾經常做無用之事，甚至為工作添亂。此刻，艾密爾所具有的敬業精神和忠實的品質，反而成了他的「弱項」。

所以，要想使敬業、忠誠等等，這些好的品質在正確方向上發揮其應有的作用，就不應該抱持著「我能做什麼？」的想法，而應該多想想「我這樣做，是否有價值，能為老闆創造出什麼效益？」

人們向你請教時，不是為了你，而是為了他自己，他們所感興趣的是你能為他們做些什麼。同理，老闆聘用員工的目的並不在於：員工如何昭示自己的才能。老闆所感興趣的是員工能為他做什麼？能給他帶來多大的效益？

如果一名員工不是本著「老闆需要我做什麼？」這一原則，而是以「如何在工作中展現自己很能幹，以此博得他人喝采」為目的，那麼，他工作起來很容易劍走偏鋒。

一般人們認為，作為一名員工，忠實可靠、盡職盡責地完成老闆分配的任務就可以了。其實這還不夠，尤其對於那些想提升自己位置的員工來說，更是如此。要想獲得晉升，必須做得更多、更好。

人生有這樣一個真理：在你沒有入錯行並且工作方針正確，艾密爾的工作方針就是錯誤的前提下，一個人的成就程度，大致上是與你施予程度成正比關係的。作為老闆的員工，你施予的越多，對老闆的幫助越大，老闆就會越器重你。

人生的意義在於努力實現自身的價值，並力爭得到社會的認可。如果你滿足了老闆的需求，你也能獲得自己想要的；倘若你反其道而行之，不顧老闆的需求，以自己的需求作為工作的主旋律，你就會兩者盡失。

所以，你要想提升自己的位置，首先要立足老闆的需要。老闆獲益了，就會器重你。那麼，你所在的位置也會水漲船高。

我們現處的社會具有群體性，這意味著任何一個人，單靠其個體奮鬥所取得的成就是有限的。所以，一名員工要想獲得老闆的重用，僅有敬業精神與忠誠的品格還不夠，還要懂得合作的重要性。

雁鳥在本能上就知道合作的重要性。它們呈V字形在空中飛行，並且V字形的一邊比另一邊長一些，這些雁鳥在飛行的過程中還定期變換隊列。

人們經過試驗發現，雁鳥以V字形的飛行，比一隻雁鳥單獨飛行能多出近百分之十二的距離。由此可見合作的重要性。

所以，你在做好本職工作的同時，應該主動去幫助同事解決他們所面對的困難，在此過程中能夠取得相得益彰的效應。也就是你在幫助同事獲得他們所需要的同時，你也得到了自己想要的東西。

首先，你的這種行為會促使和你的工作有關一切的人，對你做出良好的評價，你將獲得良好的聲譽，這種良好的聲譽會伴隨你一生。它會使你獲得晉升所必須的關鍵性因素——增加人們對你服務的需求。

其次，你的這些行為將會受到別人的關注。那麼你就不會被人遺漏，你將會獲得不少對你晉升有利的機會。

我們每個人都有過這樣的感受：自己思考一個問題時，往往是沿著相同的思惟模式進行；但是，如果把這一問題拿到團體中進行討論，你會從別人的想法中產生一些新的聯想。

這就是一加一大於二的原理，它表明團體的力量並不等於單獨個體的力量累加之和，而是前者大於後者。為了表現自身的價值，任何一名員工都應該懂得合作原則，而不僅僅是單靠個體的敬業精神及其忠誠品格。

與老闆風雨同舟

是金子總會發光的，只要你能做到與老闆風雨同舟，在自己的位置上盡職盡責、踏踏實實地工作，做出成績，前途自然不可限量。

一位在三年內從接線員升為銷售總管的成功人士，對我講述了她晉升的秘

訣：她在一家報紙上看到一則招聘廣告，是一家汽車銷售公司招聘前台接線員，待遇還可以。她在學校讀書時，一直在學校廣播室裏當播音員，話講得還不錯。

於是，她按照上面提供的地址壯著膽子去應徵了。誰知道公司對接線員的要求竟然不高，老闆只簡單聽了她的自我介紹，並看了她的履歷表。面試時間還不到十五分鐘，老闆就決定錄用了她。

當時她在的這家汽車銷售公司規模很小，代理的品牌只有兩種，全部職員加起來還不到二十人。

她的工作是負責向客戶提供一些訊息、諮詢服務。由於人手不夠，她經常是白天晚上連續的做，睏了就在沙發上休息一下。

她工作十分努力，並且甜美的聲音為公司挽留了很多潛在的客戶。工作表現令老闆非常滿意。所以兩個月的試用期縮短為一個月。

在一個星期一的凌晨一點左右，她收到了一份供貨意向書。時間很趕，要是等到第二天恐怕就來不及了。她立即聯絡了老闆，當老闆深夜趕到公司時，她將意向書遞給了他。

那次與客戶公司合作很愉快，一筆業務就為公司賺了五萬多美元。這是公司開業以來賺到的最大的一筆金額。

事後老闆，也就是現在的總經理，把裝有八百美元獎金的信封袋放到了她的辦公桌上，並微笑著對她說：「這次多虧了妳，要是晚兩個小時的話，這筆業務就被其他公司取代了。」

原來在她的公司收到傳真的同時，有好幾家公司都收到了意向書，而她的公司並不是很起眼，贏得這筆業務完全是靠她的反應迅速，搶在了前面。

這件事之後，她被調到總經理辦公室。工作除了接電話還負責收發文件，偶爾還替老闆起草文件，制定行程安排等。

這份在很多人看來很瑣碎的輔助性工作，她卻做得津津有味。

正在公司蓬勃發展的時候，公司出現了下滑的狀況。由於她的公司代理的一個重要的品牌出現了品質的問題，並且在報紙上曝了光。公司的業務一落千丈，市場被一些資金雄厚的代理商紛紛吞噬，不少員工跳槽去了競爭對手那裡，薪水也增長了好幾成。

受到同事們跳槽的影響，在看到一個很有名氣的汽車銷售公司招聘人員的消息後，她一個人也偷偷地去應徵了。

負責招聘的人問了她一些與汽車銷售有關的問題，然後讓她把個人履歷表留下，說明天通知她。

第二天，當她接到那家公司的錄用通知時，她開始猶豫不決了。如果在這種情況下離開公司，她總覺得對不起老闆，她會因此而背上良心債。

所以，儘管那家公司名氣很大，薪水也比她現在的高，但她還是謝絕了那家公司，留了下來。

公司裏很多員工都跳槽走了，銷售人員處於緊缺狀態。在這種情況下，公司招聘新人是不實際的──幾乎沒有人願意到一家剛被曝光的公司。為了幫助老闆度過這一次難關，她想把自己培養成一名出色的銷售人員。

當初她幾乎是在對汽車一無所知的情況下進入公司的，光憑幾份文件和幾宗業務，難以培養出一位出色的銷售人員。

汽車銷售並不是一項輕鬆的工作，它的專業性很強，要求對各種車和部件的性能瞭如指掌。只有經過有關部門的專業培訓，拿到銷售技巧、產品知識兩項證書，才能從事汽車的銷售工作。為了早日拿到銷售證書，她開始廣泛涉獵市場管理、市場營銷和許多以前沒有去考慮過的事情，並且開始閱讀汽車方面的書籍。

同時為了對汽車的製造、公司的營運有一個全面深刻的認識，她利用機會到汽車生產工廠各個生產線進行不定期的學習，並參加各種汽車銷售培訓活動。

「實習生活」並不輕鬆，面對一條條周而復始的生產流水線，她經常是度日如年，咬著牙在機器的轟鳴聲中度過了一個個日日夜夜。

經過三個月的充電，使本來對汽車一竅不通的她，成了半個「汽車通」，並順利地拿到了銷售技巧、產品知識兩項證書。在老闆的支持下，她轉到了銷售部門。

隨後，在老闆的支持下，加上她個人的努力……她被任命為銷售總管。

回首三年的風風雨雨，她覺得最大收穫就是漸漸的認識了自己，包括自己的潛能和對自己的定位。最大的成功是做到了與老闆風雨同舟，沒有輕易浪費機會。

從這位銷售總管的成功經歷中你是否領悟到了什麼？

正如這位成功人士所說的：「作為一名員工，要懂得與老闆風雨同舟。」

從事物的發展規律來看，任何一個公司的發展過程中，都會出現起伏的狀況。如果你所在公司出現危機或者步入低谷時，你是否能做到與老闆同舟共濟。

如果你做到了，你必然會受到老闆賞識，一旦公司出現轉機，你就會得到豐厚的回報，那就是更高的職位和更多的薪水。

所以，聰明的員工應該給自己做一個聰明的職業規劃，以免受錯誤訊息的誤導，影響自己的前程。

是金子總會發光的，只要你能夠做到與老闆風雨同舟，在自己的位置上盡職盡責、踏踏實實工作，做出成績，前途自然不可限量。

那些自以為聰明的員工，總是被暫時的炫目光環迷住眼睛，被短期利益蒙蔽心智。一旦公司出現危機，擔心會影響自己的利益，就趕緊跳槽。這種行為不利於專業經驗和技能的累積，根本不能為自己「加分」。一般即使被其他公司錄用，也是當新手對待。

滾石不生苔，自以為聰明，見勢不好就趕緊跳槽的員工，從長期來看，往往得不償失。因為工作能力的培養，都要經過一個相對長的時間才能真正掌握。如果經常跳槽轉行，往往會成為什麼都會一點，但什麼都不精通、不專業，這樣任何一家公司都不會重用你。

一般情況下，老闆並不能具體瞭解每一個員工的能力如何，他會以相同的薪水雇用所有條件差不多的人員。

在雇用之後，老闆將會發現其中能力高的員工，會繼續雇用並提升他們；同時不重用甚至解雇能力差的員工。

因此，在這種情況下，輕易跳槽的員工會被看成是勞動力市場中的「次級品」。

所以，透過跳槽達到升遷的目的比較困難。

不能做到與老闆風雨同舟的員工，跳槽次數越多，往往是你已經獲取的工作經驗貶值就越厲害。因此出現的不是「人往高處走」，而是「踏步不前」的狀態，你的踏步不前事實上就是「水往低處流了」。

功夫在事外

很多表面上看起來與工作無關的事情，往往會產生溢出效應，成為你職場人生的轉折點。

一個雨天的上午，一位老婦人走進一家百貨公司，她毫無目標地在商店內逛

來逛去，很明顯她進百貨公司的目的是躲雨而不打算買東西。大部分的售貨員只對她瞧上一眼，並沒有理她，便自顧自的整理貨架上的商品，以免這位老太太去麻煩他們。

這時，一位年輕的女店員看到了這位老婦人，便立刻走過去，並向她打招呼，很有禮貌地問她：「您是否有需要服務的地方？」

這位老太太對她說：「我僅僅是進來躲雨，並不打算買東西。」

這位年輕的女店員安慰她說：「即便是您不想買東西，您仍然是受歡迎的。」

女店員說完話後，並沒有急於回去整理貨架上的商品，而是留下來主動和這位老婦人聊天，以顯示她確實歡迎這位不買東西的顧客。

當這位老太太離去時，這名年輕的女店員還陪她到門口，並替她把傘撐開。

臨別時，這位老太太向這位年輕的女店員要了一張名片，然後就離開了。

後來，這位年輕的女店員早已完全忘了這件事。然而，有一天，她突然被公司老闆請到辦公室去，老闆向她出示了一封信，信是那位老太太寫來的。原來，這位老太太是一位富商的母親，她也就是這位年輕的女店員在幾個月前，很有禮貌地護送到門口的那位老太太。

這位老太太寫信，要求這家百貨公司派一名售貨員到休斯頓，代表該公司為其提供裝飾一所豪華住宅所需的物品。

在這封信裏，這位富商的母親特別點名指定，要由這位年輕的女店員代表公司去和她接洽，交易金額數目龐大。

倘若這位年輕的女店員像其他店員一樣，不理睬這位不打算買東西的老太太，那麼，她就不會獲得此機會並且得到晉升。

很多表面上看起來與工作無關的事情，往往會產生溢出效應，成為你職場上人生的轉折點。顯然這位女店員得到晉升的原因，並不是因為她的業績多麼優異，而是因為與工作「無關」的一件小事──曾好心地接待了一位不打算買東西的老太太。

原來這位女店員的工作原則是：為所有需要她服務的人提供幫助，並和她服務過的每個人結交成朋友。正是她這種熱情周到的服務及其禮貌得體的行為舉止，使她成為這家店裏最有價值的人。

良好的教養本身就是一筆無形的財富。一個人有了文明的舉止，就像有了通行證一樣，所有的大門都會向你敞開，你就可以暢通無阻了。這種人走到哪裡都會讓人感到像陽光一樣的溫暖，到處受人們的歡迎。因為他給周圍的人們帶來的是光明、是歡樂。這種類型的人即使他身無分文，也會隨時隨地受到人們熱情周到的接待。

如此，你不必付出太多，就可以享有一切──就像那位女店員。

良好的行為舉止可以轉化為有形的財富。

所以，即使你擁有誠實、敬業這樣的品質，並且在事業上雄心勃勃，工作起來幹勁十足，但是，如果你的行為舉止不合禮儀，就會使你所有的努力毀於一旦。相反，或許你有這樣或那樣的缺點，但良好的舉止會一定程度上彌補你的不足，你那令人折服的風度往往會促使你獲得成功。

如果一個人具有良好的教養，就等於為自己打開了通往一切成功的大門，很多東西——比如晉升的機會，你不必花費太大的力氣就可以輕而易舉地得到，它們甚至會主動地找上門來。

為老闆工作就等於為自己工作

為老闆工作就等於為自己工作，當你認識到這一點時，你就不必為自己是否會失業而擔憂了。

同一個問題可以從多個角度來看，它能把正的看成反的，也能把反的看成正

的。

一次朋友聚會，兩位商界的朋友，同時談到跟從他們十幾年的女秘書。其中一位說：「我的秘書臉上都跑出皺紋來了，反應比以前也差多了，總是丟三忘四的，下個月要把她換掉。」

而另一位卻說：「我的秘書最近經常出錯，不過看到她臉上的皺紋，就覺得又好氣又心疼。」我覺得第二個人的話很奇怪，就追問：「心疼什麼？」他說：「想想她從二十幾歲跟著我，辛辛苦苦地工作了十幾年，一轉眼都快四十歲了。」

實際上，這兩位朋友的秘書，我都認識，覺得她們年齡相近、能力也差不多，可是為什麼在她們主管的眼裏，卻有如此大的差異呢？

其實道理很簡單──看的角度不同。

我們每個人都在工作，但我們在為誰工作呢？

從表面上看你在為老闆工作，實際上換個角度來看，為老闆工作就等於為自己工作。你盡職盡責地工作，固然為老闆創造了價值，但為老闆創造價值的同時你實現了自我的價值，而且你還從工作中獲得了個人成長的機會，累積了很多的經驗，接受了良好的訓練，培養了優秀的品質。這些都是令你終身受益的無形資產。可見工作的最終受益者是你自己。

所以，為老闆工作就等於為自己工作，當你認識到這一點時，你就不必為自己是否會失業而擔憂了。

無論你所從事的是什麼職業，也無論你現在身處何方，都不要認為自己是在為老闆工作。如果你認為自己努力工作的最終受益者是老闆，那你就犯了一個很大的錯誤。

不管你現在的薪水高還是低，或者你的老闆是否器重你，這些都不重要。只要你能夠盡職盡責，全心全意地做好本職工作，毫不吝惜地將自己的精力與熱忱融入到工作中，你會發現工作是人的使命所在，並能在全心投入工作的過程中，享受到工作給你帶來的人生樂趣，同時你會因為自己的工作而贏得他人的尊重，進而產生一種自豪感。

一個人工作的過程同時也應該是提升自我的過程，如果你不能在工作中完善自我，則如同逆水行舟不進則退一樣，你會落伍，跟不上時代的發展，更確切地說，你就不能為公司創造價值。不能給老闆帶來效益的員工在公司裏是沒有立足之地。

如果你能夠認識到，我是在為自己做事。你將會發現工作中包含著許多個人成長的機會。

透過工作，你能學到更多的知識，累積更多的經驗，能夠充分挖掘自身的潛能，展現自己的才能。這些無形資產的價值，是無法衡量的。

相反，如果你在工作中一直處於被動狀態，你將會發現，每天有一大堆的工作等著你去做，總有做不完的事。這時你會感覺工作十分艱辛、煩悶。情緒不佳，工作自然很難做的好。不能做好本職工作的人會錯過工作中個人成長的機會。

做一個聰明的凡夫

自認為比別人聰明的人，等於是侮辱別人，因為這意味著你宣布別人的智商比你低。所以大多數人對於在運氣、氣質等方面被超過並不太介意，但是沒有一個人喜歡在智力上被人超過。

每當你自我感覺聰明的時候，都應該以兩點去反省：一是你確實比較聰明；二是你的基準點低。

無論是做人還是工作均應該踏實一些，心機用得過多，便不得要領，或自壞其事，或自相矛盾。對於那種過於聰明的人來說，出現聰明反被聰明誤的情況是常有的事。

造物主給人聰明，本就不是為了讓你算計他人的，如果你偏要那樣，只能自討苦吃。在工作中因過於聰明而吃大虧者大有人在。

那些在工作中「忙裡偷閑」的員工，盲目地自認為聰明：反正老闆看不見，何必傻賣力呢！

這種耍小聰明的員工，往往在公司裏沒有立足之地。

真正聰明的員工會對自己的老闆進行睿智推定：儘管老闆不能親眼看到我是否在努力工作，但他一定可以透過其他管道確切地瞭解到實情。因為，既然他能夠當老闆，我是職員，說明老闆確實有他的過人之處，有我所不及之長。

所以，他們工作起來老闆在與不在是一樣的，總是在自己的位置上全心全意、盡責盡職地做。這種類型的職員表面看似平凡，實則其品行無處不體現著他的聰明才智。

即便你真有超過老闆的某一優勢，也不要顯得比老闆高明。

我們知道被人比下去，是件很令人惱恨的事情。所以，要是你透過自己的外在行為表現出你超過了自己的老闆，這對你來說是很不明智的行為，甚至會產生致命的後果──播下了不良的種子。大多數的人對於在運氣、性格和氣質方面被超過並不太介意，但是卻沒有一個人，尤其是老闆喜歡在智力方面被人超過。

因為智力是人格特徵之王。當領導的總是要顯示出，在一切重大的事情上都比其他人高明。國王喜歡有人輔佐，卻不喜歡被人超過。如果你想對老闆提出忠告，你應該表現出你只是在提醒他某種他本來就知道，不過偶然忘記的東西，而不是某種要靠你解謎釋惑才能明白的東西。此中道理也可從天上群星的情況悟得：儘管星星都有光明，卻不敢比太陽更亮。

所以不要炫耀你的聰明，尤其是在老闆面前，這種行為總是討人厭的，特別容易惹老闆和他人的嫉恨。

不要擺出一副「萬人皆笨，唯我聰明」的架子，這是很令人憎惡的，也不要因為受到老闆的獎賞而不可一世。你越是挖空心思地想表現自己的聰明，往往越是適得其反。

只有你具備你的職位要求你具備的條件，和你用以完成你的職責的能力，並做到在其位謀其事，才是真正的聰明之舉。

如果你想要表現自己的聰明才華，一定要憑藉你的天賦，而不是你那華而不實的外表。作為一個國王，他之所以能夠成為國君，也應該是由於他本人當之無愧，而並非由於他那些堂而皇之的排場及其他相關因素。

最沒理由自豪的人往往最自豪，自以為聰明的人總是把什麼事都說得神乎其神，並且說得相當拙劣。這種人一心只求別人喝采，結果徒令人捧腹大笑。

無論你現在處於什麼位置，縱使有天大的聰明才智，也應盡量避免浮夸，盡心盡力地做好自己的本職工作。功勞盡可拋棄，萬不可待價而估。與其表面上有聰明氣概，不如實實在在有聰明品行。

所以，真正聰明的員工能夠做到心隨菁英，而隨口大眾。也就是說他甘願做一個聰明的凡夫。他深知：**自認為比別人聰明等於是侮辱別人，因為這意味著你宣布別人的智商比你低。**

懶惰對心靈是一種傷害

懶惰會吞噬人的心靈，使心靈中對那些勤奮的人充滿了嫉妒。

懶惰的人如果不是因為病了，就是因為還沒有找到最喜愛的工作。沒有天生

的懶人，人總是期望有事可做。由病中痊癒的人，總是盼望能起床，四處走動，回到工作崗位上做點事。

懈怠會引起無聊，無聊也會導致懶散。相反，工作可以引發興趣，興趣則促成熟忱和進取心。

克萊門特．斯通曾說：「理智無法支配情緒，行動才能改變情緒。」選定你最擅長、最樂意投入的事，然後全力以赴付諸行動！

許多人都抱持著這樣一種想法：我的老闆太苛刻了，根本不值得如此勤奮地為他工作。

然而，他們忽略了這樣一個道理：工作時虛度光陰會傷害你的雇主，但受傷害更深的是你自己。一些人花費很多精力來逃避工作，卻不願花相同的精力努力完成工作。他們以為自己騙得過老闆，其實，他們愚弄的只是自己。老闆或許並不瞭解每個員工的表現或熟知每一份工作的細節，但是一位優秀的管理者很清楚，努力最終帶來的結果是什麼。可以肯定的是，升遷和獎勵是不會落在玩世不恭的人身上的。

如果你永遠保持勤奮的工作態度，你就會得到他人的稱許和讚揚，就會贏得老闆的器重，同時也會獲取一份最可貴的資產──自信。對自己所擁有的才能贏得一個人，或者一個機構的器重的自信。

懶惰會吞噬人的心靈，使心靈中對那些勤奮的人充滿了嫉妒。

那些思想貧乏的人、愚蠢的人和傭懶怠惰的人，只注重事物的表象，無法看透事物的本質。他們只相信運氣、機緣、天命之類的東西。看到人家發財了，他們就說：「那是幸運！」看到他人知識淵博、聰明機智，他們就說：「那是天分。」發現有人德高望重、影響廣泛，他們就說：「那是機緣。」

他們不曾親眼目睹那些人，在實現理想過程中所受到的考驗與挫折；他們對黑暗與痛苦視而不見，光明與喜悅才是他們注意的焦點；他們不明白沒有付出非凡的代價，沒有不懈的努力，沒有克服重重困難，是根本無法實現自己的夢想的。

任何人都要經過努力不懈才能有所收穫，收穫的成果取決於這個人努力的程度，沒有機緣巧合這樣的事存在。

超越平庸，選擇完美

不要滿足於尚可的工作表現，要做最好的，你才能成為不可或缺的人物。

很久很久以前，一位有錢人要出門遠行，臨行前他把僕人們叫到一起並把財

產委託他們保管。依據他們每個人的能力，他給了第一個僕人十兩銀子，第二個僕人五兩銀子，第三個僕人二兩銀子。拿到十兩銀子的僕人把它用於經商並且賺到了十兩銀子。同樣，拿到五兩銀子的僕人也賺到了五兩銀子。但是拿到二兩銀子的僕人卻把它埋在了土裏。

過了很長的一段時間，他們的主人回來與他們結算。拿到十兩銀子的僕人帶著另外十兩銀子來了。主人說：「做得好！你是一個對很多事情充滿自信的人。我會讓你掌管更多的事情。現在就去享受你的獎賞。」

同樣，拿到五兩銀子的僕人帶著他另外的五兩銀子來了。主人說：「做得好！你是一個對一些事情充滿自信的人。我會讓你掌管很多事情。現在就去享受你的獎賞。」

最後拿到二兩銀子的僕人來了，他說：「主人，我知道你想成為一個強人，收穫沒有播種的土地，收割沒有撒種的土地。我很害怕，於是把錢埋在了地下。」主人回答說：「又懶又缺德的人，你既然知道我想收穫沒有播種的土地，收割沒有撒種的土地，那麼你就應該把錢存到銀行家那裡，以便我回來時能拿到我的那份利息，然後再把它給有十兩銀子的人。我要給那些已經擁有很多的人，使他們變得更富有；而對於那些一無所有的人，甚至他們有的也會被剝奪。」

這個僕人原以為自己會得到主人的讚賞，因為他沒有丟失主人給的那二兩銀子。在他看來，雖然沒有使金錢增值，但也沒有丟失，就算是完成主人交代的任務了。然而他的主人卻不這麼認為。他不想讓自己的僕人順其自然，而是希望他們能主動些，變得更傑出些。

不要滿足於尚可的工作表現，要做最好的，你才能成為不可或缺的人物。人類永遠不能做到完美無缺，但是在我們不斷增強自己的力量、不斷提升自己的時候，我們對自己要求的標準會越來越高。這是人類精神的永恆本性。

對於我們來說，順其自然是平庸無奇的。平庸是你我的最後一條路。為什麼可以選擇更好時，我們總是選擇平庸呢？如果你可以在一年之外多弄出一天，那為什麼不利用這三百六十五天呢？為什麼我們只能做別人正在做的事情？為什麼我們不可以超越平庸？

如果一個人順其自然的話，那麼他也不會贏得奧林匹克競賽。把金牌帶回家的運動員必須超越已有的記錄。我厭倦了平庸，我的感覺是：

不要總是說別人對你的期望值比你對自己的期望值高。如果那個人在你所做的工作中找到失誤，那麼你就不是完美的，你也不需要去找藉口。承認這並不是你的最佳程度，千萬不要挺身而出去捍衛自己。當我們可以選擇完美時，卻為何偏偏選擇平庸呢？我討厭人們說那是因為天性使他們要求不太高。他們可能會說：「我的個性不同於你，我並沒有你那麼強的上進心，那不是我的天性。」—

超越平庸，選擇完美。這是一句值得我們每個人一生追求的格言。有無數人因為養成了輕視工作、馬馬虎虎的習慣，以及對手頭工作敷衍了事的態度，終致一生處於社會底層，不能出人頭地。

在某大型機構一座雄偉的建築物上，有句很讓人感動的格言。那句格言是：「在此，一切都追求盡善盡美。」「追求盡善盡美」值得當我們每個人一生的格言，如果每個人都能用這格言，實踐這一格言，決心無論做任何事情，都要竭盡全力，以求得盡善盡美的結果，那麼人類的福利不知要增進多少。

人類的歷史，充滿著由於疏忽、畏難、敷衍、偷懶、輕率而造成的可怕慘劇。不久前，在賓夕法尼亞的奧斯汀鎮，因為築堤工程沒有照著設計去築石基，結果堤岸潰決，全鎮都被淹沒，無數人死於非命。像這種因為工作疏忽而引起悲劇的事實，在我們這片遼闊的土地上，隨時都有可能發生。無論什麼地方，都有人犯疏忽、敷衍、偷懶的錯誤。如果每個人都能憑著良心做事，並且不怕困難、不半途而廢，那麼非但可以減少不必要的悲劇，而且可以使每個人都具有高尚的人格。

養成了敷衍了事的惡習後，做起事來往往就會不誠實。這樣，人們最終必定會輕視他的工作，從而輕視他的人品。粗劣的工作，就會造成粗劣的生活。工作是人們生活的一部分，做著粗劣的工作，不但使工作的效能降低，而且還會使人喪失做事的才能。所以，粗劣的工作，實在是摧毀理想、墮落生活、阻礙前進的仇敵。

要實現成功的唯一方法，就是在做事的時候，抱著非做成不可的決心，要抱著追求盡善盡美的態度。而世界上為人類創立新理想、新標準，扛著進步的大旗，為人類創造幸福的人，就是具有這樣素質的人。無論做什麼事，如果只足以做到「尚佳」為滿意，或是做到半途便停止，那他絕不會成功。

有人曾經說過：「輕率和疏忽所造成的禍患不相上下。」許多的年輕人之所以失敗，就是敗在做事輕率這一點上。這些人對於自己所做的工作從來不會做到盡善盡美。

大部分的人，好像不知道職位的晉升，是建立在忠實履行日常工作職責的基礎上的。只有盡職盡責地做好目前所做的工作，才能使他們漸漸地獲得價值的提升。

相反，許多人在尋找自我發展機會時，常常這樣問自己：「做這種平凡乏味的工作，有什麼希望呢？」可是，就是在極其平凡的職業中、極其低微的位置上，往往蘊藏著巨大的機會。只要把自己的工作做得比別人更完美、更迅速、更正確、更專注，調動自己全部的智力，從舊事中找出新方法來，才能引起別人的注意，使自己有發揮本領的機會，滿足心中的願望。

做完一件工作以後，應該這樣說：「我願意做那份工作，我已竭盡全力、盡我所能來做那份工作，我更願意聽取人家對我的批評。」

成功者和失敗者的分水嶺在於：成功者無論做什麼事，都力求達到最佳境地，絲毫不會放鬆；成功者無論做什麼職業，都不會輕率疏忽。

你工作的品質往往會決定你生活的品質。在工作中你應該嚴格要求自己，能做到最好，就不能允許自己只做到次好；能完成百分之百，就不能只完成百分之九十九。不論你的薪水是高還是低，你都應該保持這種良好的工作態度。每個人都應該把自己看成是一名傑出的藝術家，而不是一個平庸的工匠，應該永遠帶著熱情和信心去工作。

延伸閱讀

O.S. Marden/著 嘉安/譯
定價/220元

沒有不能解決的問題，只有不想解決問題的人。

艾芮偲/著 定價/250元

「高調做人」，其實是包括自我實力的培養和面對他人的能力展現，一方面向內自我成長，另一方面向外自我推銷，兩方面缺一不可。

杜風/著 定價/249元

你有什麼樣的情緒，就會有什麼樣的生活。
好的情緒帶你上天堂，壞的情緒帶你住套房，甚至會住進十八層地獄！

侯吉/著 定價/250元

不能因為別人給我們的種種制約，就讓我們綁手綁腳。

國家圖書館出版品預行編目資料

找對自己的位置/ 阿爾伯特.哈伯德作；杜風譯. - - 三版.- - 臺北市：種籽文化, 2018.09
面； 公分

ISBN 978-986-96237-6-6(平裝)

1.職場成功法

494.35 107014356

Concept 116

找對自己的位置(10週年暢銷紀念版)

作者 / 阿爾伯特・哈伯德
譯者 / 杜風
發行人 / 鍾文宏
編輯 / 編輯部
美編 / 文荳設計
行政 / 陳金枝

企劃出版/喬木書房
出版者 / 種籽文化事業有限公司
出版登記 / 行政院新聞局局版北市業字第1449號
發行部 / 台北市虎林街46巷35號 1 樓
電話 / 02-27685812-3 傳真 / 02-27685811
e-mail / seed3@ms47.hinet.net

印刷 / 久裕印刷事業股份有限公司
製版 / 全印排版科技股份有限公司
總經銷 / 知遠文化事業有限公司
住址 / 新北市深坑區北深路 3 段 155 巷 25 號 5 樓
電話 / 02-26648800 傳真 / 02-26640490
網址：http://www.booknews.com.tw(博訊書網)

出版日期 / 2018年09月 三版一刷
郵政劃撥 / 19221780 戶名：種籽文化事業有限公司
◎劃撥金額900(含)元以上者，郵資免費。
◎劃撥金額900元以下者，若訂購一本請外加郵資60元；
劃撥二本以上，請外加80元

定價：190元

喬木書房